机械产品制造与设计创新研究

邓　平　万里瑞　唐茂华　著

吉林科学技术出版社

图书在版编目（CIP）数据

机械产品制造与设计创新研究／邓平，万里瑞，
唐茂华著. － － 长春：吉林科学技术出版社，2023.6
ISBN 978－7－5744－0557－8

Ⅰ.①机… Ⅱ.①邓… ②万… ③唐… Ⅲ.①机械制
造工艺－研究②机械设计－研究 Ⅳ.①TH16②TH122

中国国家版本馆 CIP 数据核字（2023）第 106663 号

机械产品制造与设计创新研究

著　　邓　平　万里瑞　唐茂华
出 版 人　宛　霞
责任编辑　吕东伦
封面设计　筱　荑
制　　版　筱　荑
幅面尺寸　185mm×260mm
开　　本　16
字　　数　226 千字
印　　张　13.5
印　　数　1－1500 册
版　　次　2023年6月第1版
印　　次　2024年1月第1次印刷

出　　版　吉林科学技术出版社
发　　行　吉林科学技术出版社
地　　址　长春市福祉大路5788号
邮　　编　130118
发行部电话/传真　0431-81629529 81629530 81629531
　　　　　　　　　　81629532 81629533 81629534
储运部电话　0431-86059116
编辑部电话　0431-81629518
印　　刷　廊坊市印艺阁数字科技有限公司

书　　号　ISBN 978-7-5744-0557-8
定　　价　81.00元

前　言

随着科学技术及工业生产的飞跃发展，国民经济的各个部门迫切需要各种各样质量优、性能好、效率高、能耗低、价格廉的机械产品，现代机械加工过程，已从单机自动化、自动化生产线、加工中心，发展到柔性制造系统（FMS）、计算机集成制造系统（CIMS）、智能制造系统（IMS），制造过程已发生了质的飞跃，它不仅有物质流和能量流，而且还包括了信息流。新知识、新技术的出现，需要新的产品制造、设计思维，才能适应时代发展的需要。

基于此，本书以"机械产品制造与设计创新研究"为题，首先，论述现代产品创新设计的概述、现代机械设计制造技术的发展趋向、现代机械设计方法的发展以及其特点、机械产品的设计步骤、机械产品创新设计的原则和原理、机械产品创新设计的常用方法、正逆向软件的产品创新设计；其次，分析机械可靠性设计的概述、机械零件的可靠性设计、机械系统的可靠性分析、机械环保性设计的概述、面向制造的设计、面向拆卸的设计、面向回收的设计、面向质量的设计；再次，探究机械产品设计自动化的理论、自动化制造系统技术方案、机械制造中的自动化技术、智能化设计方法和设计体系、机械制造中的智能制造技术、机械产品加工工艺智能化设计、机械产品工装模具智能化设计；最后，探析专利信息检索技术、专利撰写与专利申报、专利规避设计的流程、机械造型创新和反求创新设计应用、平动齿轮传动装置的设计应用及机构应用创新设计。

全书内容丰富，观点新颖，主要以机械设计制造的基础理论入手，分析机械产品设计的创新，兼具理论与实践价值，可供广大相关工作者参考借鉴。

在编写本书过程中参阅了大量专家、学者、同仁的成果，引述良多，未能一一注明，在此说明，恳请原作者见谅，并向原作者致以深深的谢意！由于编者水平有限，书中不足之处在所难免，希望广大读者提出宝贵意见，以便进一步修订。

目 录

第一章　现代机械设计制造技术的理论与发展

第一节　现代产品创新设计的概述

一、创新与创新设计的内涵

发明以及创造推动了世界文明的进步，无论是在人类社会发展还是科技进步方面，都产生了重要的影响。原始工具的发明使原始人类开启新的生活方式。火的发现以及利用，在人类历史上具有非常重大的意义，原始人类结束了茹毛饮血的生活，用火炙烤过的食物不但具有更好的口感，更有助于提高智商，有利于人类进化。简单机械的出现降低了人们的工作量，同时提高了生产率。由此，发明以及创造为人类树立正确、长远的科学世界观奠定基础，同时也是推动社会发展的动力。

科学技术的发展推动了一次又一次的社会变革，人类社会发展迅速。20世纪末期，知识经济时代到来，这是一个倡导知识生产、流通以及消费的时代。这个时期社会的发展离不开科学方法及技术创新，创新的数量以及质量对社会发展产生深远影响。

知识经济时代，任何国家都将创新提到了前所未有的高度，它对国家经济发展起着极大的推动作用。如今，创新能力是判断国家综合国力的重要指标。国际诸多领域的竞争已经演变为科学技术以及人才的竞争，比如国防、工业以及农业等。因此，创新意识的培养成为高校教学的一项重要内容，创新性人才培养也成为高校人才培养的重要目标之一。

为达到深刻理解创新含义的目的，在此，将和之容易混淆的概念进行说明，比如发现、发明以及创造等。

"发现"一般是指认知客观存在事物的过程，这些事物原本就存在，只是在人们的探索之后，才被人们了解到。事物的发现，有助于人类逐步加深对世界的了解程度，为人类改造世界奠定基础。比如对太空孜孜不倦地探索，人类发现了更多的星体，这些星体在太空存在已久，通过探索，人类对其认知持续深化，有助于人们进一步认识宇宙。雷电作用能够产生火，早期人类发现了这一现象，将其巧妙地用于取暖以及食物烤制，这是一个由"发现"到应用创新的过程。后来，在火的利用过程中，人类掌握了钻木取火的技巧，这一过程指的是发明或创造。大多数情况之下，自然界中新事物的发现，有助于深化人类对世界的认知，当人类将新发现应用于社会生产实践中，即实现了发现到应用的转换，这个过程即为创新。

发明指的是非客观存在的事物从无到有的过程。但由于人们的实际需要，经过人们的持续探索，产生的客观世界不存在的事物。享誉国际的发明家爱迪生，他发明的电灯、留声机以及电报等，是被世界公认的伟大发明，我国古代研制的火药、造纸术以及指南针等，也被列成人类伟大的发明。

综上，发明和发现存在着本质的区别。创造在一定程度上与发明相类似，都是指研发新成果的过程，二者最主要的区别在于，"创造"一般会借助参照物，而产生新成果，是一种通过已有的现实事物，达到另一种目标的过程，因此，"创造"的成果不一定是不存在的事物。比如，人们将已经投入使用的蒸汽机安装于车辆中，从而产生了机车，安装于船上，从而产生了轮船，这些都是创造的过程。在社会生活实践的过程中，人们认为发明以及创造相互联系。事实上，在工程领域，二者并没有本质的差别，但在哲学领域，二者的差别比较明显。

从本质上来讲，创新以及创造没有差别，可以将创新看作是创造的实现方式。创新对于其成果具有较高的要求，既要有新颖性，也需要具有独特性以及实用性。因此，从这个角度来讲，创新为提出或完成具有以上特点的理论或者产品的一系列流程。

按照内容的不同对创新进行分类，一般包括三类：一是知识创新，也被称为理论创新；二是技术创新；三是应用创新。第一种创新指的是人们在认识世界以及改造世界过程中形成的总结，一般通过理论、思想、方法以及定律等方式展现出来，进而指导人们的实践。相比其他创新，这一类创新具有极高的难度，"辩证唯物主义""相对论"以及"三心定理"等都属于知识创新。

技术创新以具体事物为改造对象，使其具备新颖性、独特性以及实用性。计算机、加工中心都属于技术创新的成果。

应用创新，即在某个新领域应有某种已有事物，并在经济效益等方面产生较大的积极影响。如将军用激光技术用于医疗手术刀、将曲柄滑块结构用于内燃机的构造之中，这些过程都属于应用创新领域方面的内容。

在社会实践的过程中，根据事物存在与否的过程变化，可以将创新分为两类：一种是事物从无到有；第二种是从有到新。二者相比，前者的创新过程更加漫长，需要长时间的知识积累，并与思维爆发有效结合，这也是人们常说的发明的过程。创新并不是一个高不可攀的概念，但其需要不断的付出来换取成果。因此，任何形式的创新，都需要勤奋的工作、坚强的意志，以及丰厚的知识，必要时还要有灵感的启迪。

创新设计是指在设计领域中的创新。通常指在设计领域中，提出的新的设计理念、新的设计理论或设计方法，从而得到具有独特性和新颖性的产品，达到提高设计质量、缩短设计时间的目的。

二、创新与社会发展

创新是人类文明进步、技术进步和经济发展的原动力，我国科技人员经过艰苦创业，取得了"两弹一星"、高速粒子同步加速器、万吨水压机、超级水稻等多项重大科技成果，特别是实行专利制度和知识产权保护法以来，每年的发明成果数以万计。中国的联想集团、方正集团等企业，其创造的价值成倍地增长，充分显示出知识创新和技术创新在促进国民经济发展当中的巨大作用。

社会实践中，有两种创新方式：一是从无到有的创新；二是从有到新的创新。

从无到有的创新都有一个较长时间的过渡期，这种创新的过程就是发明的过程，是知识的积累和思维的爆发相结合的产物。如人类社会先有牲畜驱动的车辆，发明内燃机后，将内燃机安置在车辆上，并且进行多次实验改进后才发明了汽车，实现了从无到有的突破；原始的汽车经过多年的不断改进，其安全性、舒适性、可靠性、实用性等性能不断提高，这是经过从有到新的不断创新的结果。

创新的概念并不神秘，创新的成果却来之不易。勤奋的工作，持之以恒的努力，坚实的基础知识和思维灵感的结合，是实现创新的途径。

三、创造性思维方式与创新的涌动力

（一）创造性思维方式

灵感思维与逻辑思维一起组成了创造性思维，这两种思维模式较为复杂，它的思维过程包含了突变和渐变，相互作用，促进思维进步，可以全面开发设计人员的创造性思维。

逻辑思维存在一定的逻辑规律，它是在人们归纳、总结活动规律和经验的基础上概括出来的，并通过系统性的思考，进行联动推理。逆向思维、横向思维及纵向思维属于逻辑思维的几种思维方式。

知识具有创造力。社会实践与教育是人们获取知识的主要来源。人与人之间的知识结构之所以不同，是每个人的社会实践与接受教育的程度不同导致的。具有知识的人潜在创造力的大小不同，因为其具有不同的知识结构。事实上，培养潜在创造力的过程就是积累知识，潜在创造力越强的人，说明了其知识越丰富。

（二）创新的涌动力

人类本身存在潜创造力，它的释放需要特定的条件和压力的共同作用。自身和社会因素造成了压力；野心和事业心是所谓的自身因素；周围环境指的是社会因素。如果想形成创新的涌动力，就需要自身因素与社会因素的融合，出现新的创新成果需要创新涌动力作支撑。

四、产品创新设计的类型与特点

产品是企业实现自身价值的重要途径，是企业参与市场竞争的主要载体。新产品开发是企业内部重要的研发活动。"对于产品设计师来说，创新设计方法的训练至关重要。"●

任何产品的存在都有自身的生命周期。一方面，因为技术的进步、人们需求方式与内容的变化，现有产品的各项技术指标很可能逐步不能满足市场的需求；另一方面，现有产品之间的同质化竞争，使得企业之间的竞争日益残酷，而价格战会导致利润空间逐步减小，不利于企业的进一步发展。因此，任何一个企业不能仅依赖于一款产品而一劳永逸。

新产品的推出，往往伴随着新颖功能的出现，使产品性能差异化效果显著，产品价值的提升，为企业带来丰厚的利润空间，新产品开发是企业提升竞争能力的重要手段。

机械产品创新设计是指充分发挥设计者的创造力，利用人类已有的相关科学技术成果（原理、方法、技术等），进行创新构思，应用新技术、新原理、新方法进行产品的分析和设计，设计出具有新颖性、创造性及实用性的机构或机械产品的一种实践活动。机械产品创新设计的目标是由所要求机械的功能出发，改进、完善现有机械或者创造发明新机械实现预期的功能，并且使其具有良好的工作品质及经济性。

（一）产品创新设计的类型

根据设计的内容特点，一般将设计分为如下三种：

1. 开发性设计

在工作原理、结构等完全未知的情况下，运用成熟的科学技术或经过实验证明是可行的新技术，针对新任务提出新方案，开发设计出以往没有过的新产品。这是一种完全创新的设计。

● 梁原. 创新设计方法在产品设计中的应用研究 [J]. 工业设计，2019（10）：138.

2. 变型设计

在工作原理和功能结构不改变的情况下，针对原有设计的缺点或新的工作要求，对已有产品的结构、参数、尺寸等方面进行变异，设计出了适用范围更广的系列化产品。

3. 适应性设计

在原理方案基本保持不变的前提下，针对已有的产品设计，进行深入分析研究，在消化吸收的基础上，对产品的局部进行变更或设计一个新部件，使其能更好地满足使用要求。

开发设计以开创、探索创新，变型设计通过变异创新，适应性设计在吸取中创新。无论是哪种设计，都要求将设计者的智慧具体物化在整个设计过程中。在创新设计的全过程中，创新思维将起到至关重要的作用，深刻认识和理解创新思维的本质、类型和特点，不仅有助于掌握现有的各种创造原理和创新技法，并且能促进对新的创造方法的开拓和探索。

（二）产品创新设计的特点

设计的本质是创新，如测绘仿制一台机器，虽然其结构复杂，零件成百上千，但如果没有任何创新，不能算是设计；而膨胀螺栓，虽然只由三四个零件组成，结构也很简单，却有效地解决了过去不易将物体固定在混凝土墙上的难题，其构思和开发过程可称为设计。强调创新设计是要求在设计中更加充分地发挥设计者的创造力，结合最新科技成果和相关知识、经验等，设计出实用性好、有竞争力的产品。创新设计的特点如下：

1. 独创性

产品创新设计的独创性要求设计者必须依靠在知识和经验积累基础上的思考、推理、判断，以及与创新思维相结合的方法，打破了常规思维模式的限制，追求与前人、众人不同的方案，敢于提出新功能、新原理、新机构、新材料、新外观，在求异和突破中实现创新。

2. 实用性

产品创新设计是多层次的，不在乎规模的大小及理论的深浅，因此创新设计必须具有实用性，纸上谈兵无法体现真正的创新，只有将创新成果转化成现实生产力或市场商品，才能真正为经济发展和社会进步服务。我国现在的科技成果转化为实际生产力的比例还很低，专利成果的实施率也很低，在从事创新设计的过程中要充分考虑成果实施的可能性，成果完成后要积极推动成果的实施，促进潜在社会财富转化为现实社会财富。

设计的实用性主要表现为市场的适应性及可生产性两个方面。设计对市场的适应性指创新设计必须有明确的社会需求，进行产品开发必须进行市场调查，若仅凭主观判断，可能会造成产品开发失误，带来巨大的浪费。创新设计的可生产性指成果应具有较好的加工工艺性和装配工艺性，容易采用工业化生产的方式进行生产，能够以较低的成本推向市场。

3. 多方案选优

产品创新设计应尽可能从多方面、多角度及多层次寻求多种解决问题的途径，在多方案比较中求新、求异及选优。以发散性思维探求多种方案，再通过收敛评价取得最佳方案，这是创新设计方案的特点。

从一种要求出发，向多方向展开思维，广泛探索各种可能性的思维方式称为发散性思维。创新设计先通过发散性思维寻求各种可能的途径，然后通过收敛性思维从各种可能的途径中寻求最好的（或较好的）途径。创新设计中要不断地通过先发散再收敛的思维过程寻求适宜的原理方案、结构方案和工艺方案。和收敛性思维相比，发散性思维更重要、更难掌握，发散性思维是创新设计的基础。

科学技术的发展可以为创新设计不断提供新的原理、机构、结构、材料、工艺、设备、分析方法等。在不断变化的技术背景下，人们可以更新已有的技术系统，提供新的解决方案，促进技术系统的进化。

第二节　现代机械设计制造技术的发展趋向

一、机械创新设计的技术基础

（一）机械的种类与机器的组成

1. 机械的种类

机械的种类繁多，按不同的目的不同的分类方法，在大多数机械中，能量流、物料流、信息流同时存在，只是主次不同而已，因此，机械分为动力机、工作机和信息机。

（1）动力机。非线性原动机和线性原动机的划分标准是原动机所输出的运动函数的数学性质。所谓非线性原动机如伺服电动机、步进电动机，原动机输出转角（位移）是时间的非线性函数。所谓线性原动机比如直、交流电动机就是原动机输出转角（位移）是时间的线性函数，非线性原动机最显著的特征是可控性，可以当作线性原动机。很多热变形力如电磁力、弹簧力、记忆合金、重力都能带来驱动力，这些驱动力不隶属于原动机。

在有电力提供的地方应该首先考虑电动机。三相交流异步电动机有很多的优点，比如力矩大而体积偏小，一般为企业、工厂、矿场等单位提供原动力。单相交流异步电动机使用非常便捷，一般在很多家用电器如吸尘器、洗衣机、空调、电冰箱等都可以看到单相交流异步电动机的身影。直流电动机可以调节速度，有利于自动化控制，所以一般用于机电一体化设备。在很多场合需要步进运动或者分度时，可以考虑步进电动机。内燃机一般用在大面积移动的地方或离电源比较远的地方，柴油机一般都用作大型车辆的动力，这是由于它所提供的动力要远远大于汽油机。

环境保护已经成为摆在工业发展面前的一道难题，伴随着日益推进的工业化建设，环境污染呈现出越来越严重的态势。所以研制没有污染的动力机迫在眉睫。目前我国正在逐渐普及核动力机和以自然能源为基础的动力机，已出现以太阳能作为动力的汽车，在水力发电设备当中可以采取水轮机作为原动机，在核电发电设备中用汽轮机作为原动机，在风力发电设备当中可以用风力机作为原动机。这些动力机的推广应用有利于中国环境保护和推动经济的长远发展。

（2）工作机。工作机包含包装机、搅拌机、机床、起重机、收割机、传送带、汽车，是用来转换物料的机械总称。工作机要实行复杂动作，因此不只是在精度上有非常高的要求，在安全性、强度、可靠性及刚度等各个方面都有比较高的要求。

（3）信息机。信息机包含扫描仪、打印机、传真机、绘图机、收音机、复印机等，是一种转换信息的机器。

2. 机器的组成

机器一般是由控制系统、传动机构、原动机、执行机构等系统组成。原动机的作用与人的心脏类似，可以为整个机器带来能量。原动机可以在控制系统作用下发出各种信号和指令，驱动传动机构和执行机构履行指令。传动机构主要传递驱动与执行机构之间的动力和运动，反映出运动在大小、方向和形式上的不同变化。

一些工程直接借助原动机驱动执行机构，这是因为它自身并不含有传动机构。电机调速技术的持续发展，不断地增加无传动机构的机械数量。如图 1-1[1] 所示机械中都没有传动机构。图 1-1a 为水轮发电机，图 1-1b 为鼓风机，图 1-1c 为二坐标机床的工作台。具有传动机构的机械占大多数，如图 1-2 所示的油田抽油机就是具有代表性的机械。图 1-2 中，带传动与齿轮减速箱的为传动机构，起缓冲、过载保护、减速的作用，连杆机构 ABCDE 为执行机构，圆弧状驴头通过绳索带动抽油杆往复移动。

---

❶　本节图片均引自张春林，李志香，赵自强. 机械创新设计 第3版 [M]. 北京：机械工业出版社，2016：26-38，43-48.

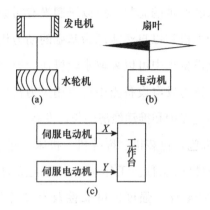

图 1-1 无传动机构的机械

1—电动机；2—带传动；3—减速箱；4—ABCDE 连杆机构；5—抽油杆

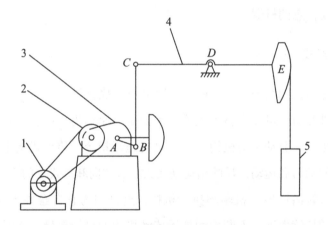

图 1-2 油田抽油机机构简图

（二）机构运动形态与功能

1. 机构的不同运动形态

（1）齿轮传动机构。如图 1-3 所示作为典型齿轮传动机构示意图。从动轮的转速与二轮齿数有关：$w_2 = w_1 \dfrac{z_1}{z_2}$。

齿轮传动机构的基本型为外啮合直齿圆柱齿轮传动机构，可变化成人字齿圆柱齿轮传动机构、斜齿圆柱齿轮传动机构、行星齿轮传动机构及内啮合直齿圆柱齿轮传动机构，如图 1-3a、b 所示，这是圆柱齿轮传动机构的基本型。

外啮合直齿锥齿轮传动机构是锥齿轮传动机构的基本型，可以变化成为曲齿锥齿轮传动机构和斜齿锥齿轮传动机构，图1－3c便是其基本型。

阿基米德圆柱蜗杆传动机构是蜗杆传动机构的基本型，可以变化为渐开线圆柱蜗杆传动机构、延伸渐开线圆柱蜗杆传动机构，图1－3d便是其基本型。

齿轮系可完成减速或增速运动。图1－3e所示为定轴轮系，图1－3f所示为行星轮系。

图1－3e中：$w_3 = \dfrac{z_1 z_2'}{z_2' z_3} w_1$，图1－3f中：$w_H = \dfrac{z_1}{z_1 + z_3} w_1$。

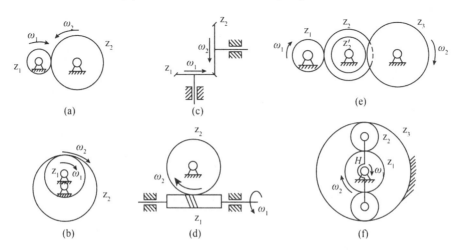

图1－3　齿轮及轮系传动机构

（2）连杆机构。连杆机构的基本型是四杆机构，能完成各种运动变化如移动、摆动、转动。四杆机构按照连接运动副的类型可以分为三种：

第一，全转动副四杆机构。如图1－4a、图1－4b所示分别为曲柄摇杆机构和双曲柄机构的机构简图，其传动比为变量。如图1－4c所示为双曲柄机构的一特殊情况—平行四边形机构，可实现等速输出。为了防止共线位置的运动不确定现象发生，一般要加装虚约束构件。

第二，含有一个移动副四杆机构。含有一个移动副的四杆机构的基本型为曲柄滑块机构，可以演化为转动导杆机构、移动导杆机构、曲柄摇块机构、摆动导杆机构。如图1－4d所示为曲柄滑块机构的机构运动简图；如图1－4e所示为转动导杆机构的机构运动简图。

第三，含有两个移动副的四杆机构。含有两个移动副的四杆机构的基本型为正弦机构，可演化为正切机构、双转块机构、双滑块机构。如图1-4f所示为正弦机构的机构简图；如图1-4g所示为双转块机构的机构简图。

转动导杆机构、双曲柄机构都能实现运动急回，所以广泛使用在动作慢、周期性快的机械中。

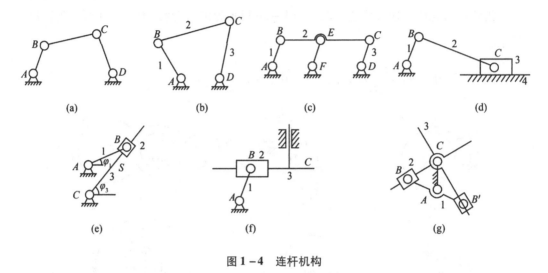

(a)　　　　　　　　(b)　　　　　　　　(c)　　　　　　　　(d)

(e)　　　　　　　　(f)　　　　　　　　(g)

图1-4　连杆机构

（3）凸轮机构。凸轮机构可以完成移动和转动两者转化，转化转动向摆动，完成动件多种形式下的运动规律。按照凸轮形状和动件的运动形式有以下分类：

第一，直动从动件平面凸轮机构。直动从动件平面凸轮机构的基本型是指直动对心尖底从动件平面凸轮机构，可以演化为直动对心滚子从动件平面凸轮机构、直动对心平底从动件平面凸轮机构、直动偏置从动件平面凸轮机构。其基本型如图1-5a所示。

第二，摆动从动件平面凸轮机构。摆动从动件平面凸轮机构的基本型是指摆动尖底从动件平面凸轮机构，可以演化为摆动滚子从动件平面凸轮机构、摆动平底从动件平面凸轮机构。其基本型如图1-5b所示。

第三，直动从动件圆柱凸轮机构。直动从动件圆柱凸轮机构的基本型主要指的是直动滚子从动件圆柱凸轮机构。其基本型如图1-6a所示。

第四，摆动从动件圆柱凸轮机构。摆动则动件圆柱凸轮机构的基本型主要指摆动滚子从动件圆柱凸轮机构。其基本型如图1-6b所示。

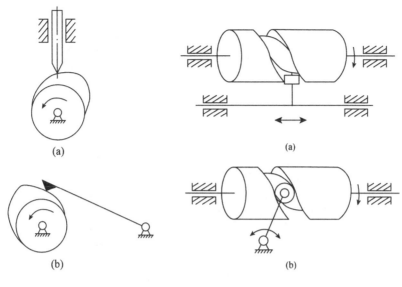

图 1-5　平面凸轮机构　　　　　图 1-6　圆柱凸轮机构

（4）螺旋传动机构。三角形螺旋传动机构是螺旋传动机构的基本构造。螺旋传动机构可以完成连续转动到往复直线移动的运动变化，能够变化成滚珠丝杠传动机构、矩形螺旋传动机构及梯形螺旋传动机构。图 1-7 是它的基本构造图。

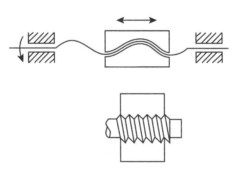

图 1-7　螺旋转动机构

（5）间歇运动机构。间歇运动机构是指主动件连续转动，从动件间歇转动或间歇移动的机构。基本型有棘轮机构、槽轮机构、不完全齿轮机构及分度凸轮机构等。棘轮机构为完成不同的步距而不断转换摇杆的摆角，如图 1-8a 所示。外槽轮机构的槽轮每转过四分之一周而主动转臂转一周，剩下则保持安静状态，如图 1-8b 所示。分度凸轮机构用带滚子的圆盘保持连续转动，完成步进转动。如图 1-8c 所示。主动轮上的齿数在不完全齿轮机构当中，选择要遵循的动轮停歇时间和运动时间。

如图1-8d所示。

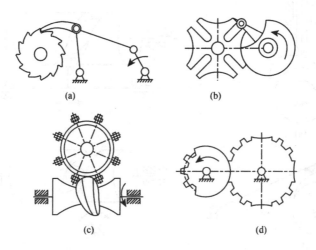

图1-8 间歇运动机构

（6）摩擦轮传动机构。摩擦轮传动主要在仪器中传递运动如收录机中磁带的前进与倒退运动，就是依靠这样的运动原理，这是由于摩擦轮传动无法传递大马力的动力。如图1-9a所示为平行轴圆柱摩擦轮传动机构，$i_{12} = \dfrac{R_2}{R_1}$。图1-9b所示为圆锥摩擦轮传动机构，$i_{12} = \dfrac{\sin\delta_2}{\sin\delta_1}$。如图1-9c所示为垂直轴圆柱摩擦轮传动机构，$i_{12} = \dfrac{R_2}{R_1}$。

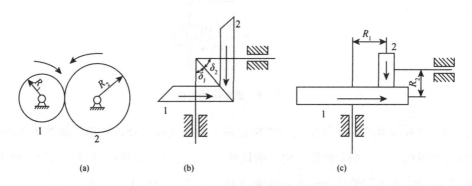

图1-9 摩擦轮传动机构

（7）瞬心线机构。瞬心线机构的机构类型非常多，但是大多设计原理相似，这是一类能够主动轮的转动转化成为不等速的从动轮转动机构。椭圆形瞬心线机构是瞬心线机构的一种，如图 1-10a 所示。如轮 1 转角为 φ_1，椭圆的偏心率为 e（偏心率等于椭圆焦点间距与其长轴直径之比），其传动比为 $i_{12} = \dfrac{w_1}{w_2} = \dfrac{BP}{AP} = \dfrac{1 - 2e\cos\varphi_1 + e^2}{1 - e^2}$。

由上式可知，从动椭圆轮做周期性的变速转动。图 1-10b 所示为四叶卵形线轮传动，其传动比为 $i_{12} = \dfrac{w_1}{w_2} = \dfrac{BP}{AP}$。

两轮之间的接触点 P 的变化会使传动比也发生变化。瞬心线机构要想实现动力或运动的传递要依靠摩擦才能完成。轮齿在瞬心线上来制成，啮合传动由此形成。瞬心线机构的变速转动输出是周期性的和连续的。

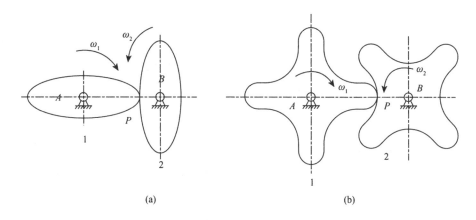

图 1-10　瞬心线机构

（8）带传动机构。指平带传动机构是带传动机构的基本型。带传动机构主要是把主动轮的转动增速或者减速为从轮转动的机构。带传动机构可以变化成为活络 V 带传动机构、同步带传动机构、圆带传动机构及 V 带传动机构。圆带传动和平带传动能够实现交叉式安装，完成相反方向的传动。带传动示意图如图 1-11 所示。张紧轮位于图 1-11a 下方小轮。带传动机构能够在中心距比较大的传动场合中发挥作用，可以在超载打滑时发挥保护能力。同步带传动比非常准确，因此即使低速的状况下也可以安全运转。二轮直径的反比和带传动机构的传动比相同。一般来说，$i < 3$。

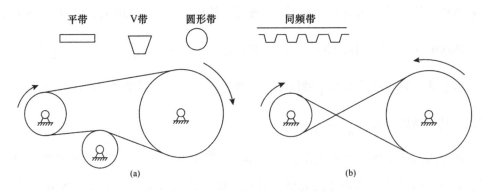

图 1-11 带传动机构

（9）链传动机构。指套筒滚子链条传动机构是链传动机构的基本型。链传动机构是把主动轮的转动增速或者减速为动轮转动的机构。链传动机构能够变化为齿形链条传动机构、多排套筒滚子链条传动机构。链传动机构一般使用于中心距大的传动机构。链传动机构的传动比是二链轮齿数的反比，输出了同向的增速或者减速连续转动。

（10）绳索传动机构。绳索传动机构能够传动，还有其他功能。绳索传动机构是一种把主动轮的转动变成从动轮转动的机构。在一轮缠绕的同时，二轮退绕。两个轮子之间还有很多中间轮。

（11）液、气传动机构。缸体不动的液压油缸与气动缸是液、气传动机构的基本型。液、气传动机构主要是借助气体或者液体的动能（或者压力能）把主动件的运动传送到从动件。摆动缸的基本型如图 1-12a 所示。液力传动装置经常会用在以内燃机为原动机的车中。液力耦合器中如图 1-12b 所示，内部全都是油液，油液伴随着主动轮的转动而运动，之后激发出油液的动能驱动。

（12）钢丝软轴传动机构。钢丝软轴是很多层的钢丝缠绕才能组成内部构造，连接各大软轴。安置主、从动件的部位并不固定，有很强的随意性，钢丝软轴传动便是其机构的一种，如图 1-12c 所示。

（13）万向联轴器。万向联轴器是一种空间连杆机构，用于传递不共线的二轴之间的运动和动力。可分为单万向联轴器和双万向联轴器。单万向联轴器提供输出轴的变速转动，其角速度为 $w_3 = \dfrac{\cos\beta}{1-\sin^2\beta\cos^2\varphi_1}w_1$，其中 β 为两叉面夹角，φ_1 为主动叉面转角。双万向联轴器提供输出轴的等速转动。万向联轴器广泛应用在不同轴线的传动机构中。如图 1 – 13a 所示为单万向联轴器，如图 1 – 13b 所示为双万向联轴器。

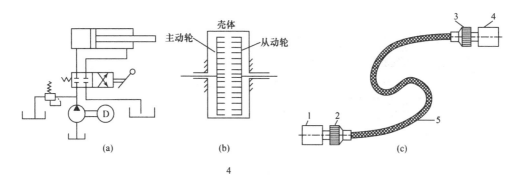

4

图 1 – 12 液、气传动机构与钢丝软轴示意图

1—动力源；2、3—接头；4—被驱动装置；5—软轴

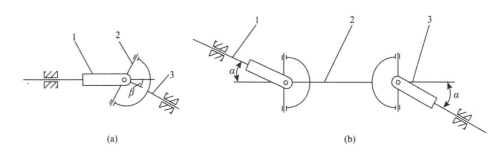

图 1 – 13 万向联轴器

1—主动叉；2—中间连接件；3—从动叉

（14）电磁机构。电磁机构一般用于电动机械中电磁振动机构及开关机构，比如电动理发器、电动按摩器、电动剃须刀都使用了电磁机构。电磁机构借助电磁来完成动件的移动或转动，主要借助电磁作用所产生的磁力作为动力。电动锤机构中如图 1 – 14a 所示，借助两个线圈之间的磁力变化，让锤头发生往复直线运动。电磁机构的类型非常多，但基本原理都是借助电磁作为动力而产生机械化运动。在电磁开关中如图 1 – 14b 所示，电磁铁 4 在通电之后吸合杆 5，继而连接电路 6，电流消失后，在返位弹簧 7 作用下，杆 5 摆脱电磁铁的作用从而中断电流。

反电磁机构通常用在速度传感器或者磁电式位移中。反电磁机构是借助机械运动的切割磁力线才能产生电信号。处理电信号后可以判断出机械振动的频率和位移大小。一个机构无法实现多个工作的需求，因此用合适的方式把基本机构相互联结，成为一个新的机构系统，这便是机构的组合。机构的组合系统在很多机械运动系统中都得到广泛应用。

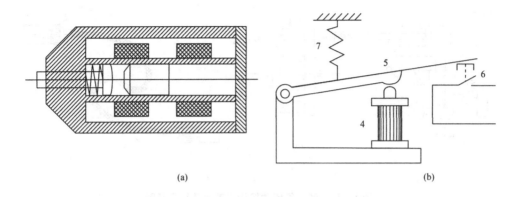

(a)   (b)

图 1 - 14　电磁机构

1—主动叉；2—中间连接件；3—从动叉

（15）机、液机构组。机、液机构组合是将连杆机构系统及液压缸系统进行组合，从而完成各种复杂运动或者执行机构的速度、行程、位置、摆角等多种工作。液压缸在机、液机构组合中通常是主动件，保证各大连杆机构实现既定的动作。它的基本型有三种，分别是摆动缸（图 1 - 15c）、双出杆固定缸（图 1 - 15b）、单出杆固定缸（图 1 - 15a）。根据执行机构的动作要求可设计出机、液机构组合的液压油路。

单出杆固定缸（图 1 - 15a）一般用于送料、定位及夹紧等装置中。双出杆固定缸（图 1 - 15b）一般用于机床工作台的往复移动装置。摆动缸（图 1 - 15c）一般用于交通运输机械、工程机械中。

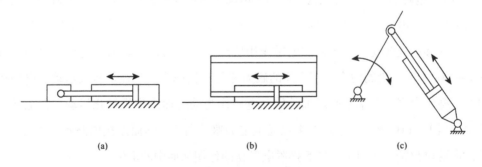

(a)   (b)   (c)

图 1 - 15　机、液机构组合的基本型

（16）机电一体化机构。机电一体化伴随着科学技术的飞速发展而不断发展。这是一种能够借助信息指令而进行机械化运动的机构。这类机构融合了机械学和电子学技术的知识，将机械运动、智能、自动控制集合到一起，成为新型的系统。机电一体化和智能机械系统有些相似，比如绘图机、传真机、打印机之所以是机电一体化机构，是因为这些机器一旦没有信息的传递和处理，就没法进行机械运动。

2. 机构的功能与变换

（1）转动到转动的功能变换。通常来说，所有的主动件的转动都应该是等速的，而且大部分的从动件的转动业需要等速进行，并要保持特定的速度进行转动。各种齿轮结构是最为理想化的，可以利用合适的传动比来计算从动轮的转动速度。而且力矩的变化会引起从动轮的转动速度。当传力比较小的时候，摩擦轮机械的转动功能间的变动是可以实现的，而链传动机构及带传动机构比较适用于中心距离比较大的情况，万向轴传动机构可以实现两交叉轴的链接转动，平行轴的转动需要利于双转块机构来完成，两可转动件的连接需要利于钢丝软轴来完成，动件的变速转动需要利用到转动导杆机构，对机械系统特殊设计中还要运用它的急回特性。

（2）转动到移动的功能变换。往复直线移动是最为主要的工程移动。大部分机构可以进行可逆的运动，换言之，就是可以从移动转变为转动，然后还可以从转动又变换成移动的一种运行方式。而带有自锁性质的螺旗传动机构则无法进行这种转换。若是主动件为曲柄滑块机构的曲柄时，可以采用空气压缩机来完成滑块的往复直线移动，但主动件为曲柄滑块机构中的滑块时，则应该采用内燃机来完成机构的往复直线移动。初床工作台基本是运用螺旋传动机构来进行往复移动工作的。

（3）转动到摆动的功能变换。可以进行转动变换到摆动的机构主要包括了摆动导杆机构、摆动从动件凸轮机构和曲柄摇杆机构。这些机构运动的特征主要表现在可逆上，也就是能从摆动再切换到转动。不过极限位置的四点问题是采用摆动导杆机构和曲柄摇杆机构应该重视的问题，对压力角也要进行科学合理地考虑。

（4）实现特定的运动轨迹。实际生产过程当中，机构的运动轨迹需要事先预定好，从而确定是进行直线运动还是圆弧运动。若是需要比较复杂的运动轨迹时，通常采用组合机构或者连杆机构来完成设计要求。见图 1 - 16a 就是一个简单的插秧机示意图，四杆机构 A、B、C、D 可以带动连杆上的 E 点进行轨迹运动，从而可以模拟人们的动作，从而完成插秧工作。图 1 - 16b 是一个凸轮连杆机构示意图，凸轮机构中的凸轮以及从动件可以完成五杆机构的输入运动的封闭工作，从而完成 C 点的复杂运动。在进行设计的时候，对五杆机构五个点的尺寸设计没有特殊要求，不过要让 C 点能够按照给定的轨迹进行运动，从而确定 D 点的位移，并且将此作为已知的数据来凸轮的设计。

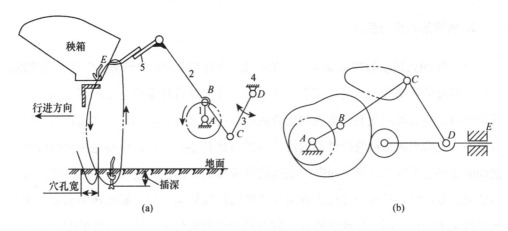

图 1－16　实现特定的运动轨迹

（6）实现某种特殊的信息传递。不但是动力传递和机械运动需要通过机构来完成，包括定时、显示、控制、检测和计数等功能的实现也需要机构来完成。除此以外，对速度或者加速度的测量、记忆工作也可以采用机构来完成。下图 1－17 就是齿轮齿条杠杆式的薄膜压力计示意图，压力产生变化时，薄膜 1 的变形会引起齿条 3 产生移动，并且使得驱动齿轮 4 围绕着 1 点进行转动轨迹运行，而指针 5 就是体现压力的变化情况。

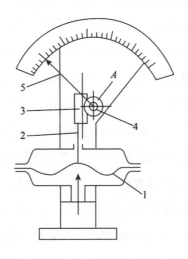

图 1－17　实现特定信息的传递

1—薄膜；2—连杆；3—齿条；4—齿轮；5—指针

（三）机械运动与控制

决定机械运动形态的重要因素就是它的组成形式和控制方式。对于牛头刨床这种类型的机械设备来说，它的换向并不单知识依赖于电动机换向，主要是根据机械组成来进行转向。有的机械运动位置的转向则是利用限位开关或者是不同类型的传感器来对电动机进行控制实现的。对液压传动来讲，想要使其运动形态发生变化则需要调整换向阀或者是调速阀。尤其是对于现代机械，控制方法的变化能够对机械运动形态起到决定性的作用。

1. 机械运动的换向与控制

（1）旋转运动的换向与控制。旋转运动的换向问题是工程中常见的运动变换，很多机器都有正转、反转或正向转过某一角度再反向转过某一角度的运动要求，旋转运动的换向方式主要有以下内容：

第一，介轮换向。一般都是出现在齿轮传动中，而汽车的前后运动也是通过在变速箱中设置介轮而完成的。下图 1 - 18 展示的就是介轮换向。在图 1 - 18 当中，里面的 1、2、3、4 就是齿轮的啮合路线，在啮合的过程中涉及两个介轮的参与，轮 1 和轮 4 进行反向运转。在图 1 - 18b 当中，1、3、4 是齿轮的啮合路线，在进行啮合的时候涉及一个介轮的参与，而轮 1 和轮 4 进行同向运转。

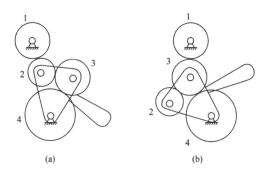

图 1 - 18　介轮换向示意图

第二，棘轮换向。它的主要原理就是通过改变棘爪方向进而实现棘轮换向，主要运用在牛头刨床上。下图 1 - 19 看到的就是棘轮换向图。通过改变棘爪就能够将棘轮方向改变。在图 1 - 19a 里面，棘爪带着棘轮进行逆时针旋转，而图 1 - 19b 里面的棘爪则是带着棘轮进行顺时针旋转。

第三，摩擦轮换向。下图 1-20 展示的是摩擦轮换向，通过控制图上的 A、B 位置进行滑动，通过摩擦轮 A 和 C、B 和 C 之间的相互交替转化，从而达到 C 轮正反转，实现螺旋 D 的循环反复，这种结构形式在摩擦压力机使用的比较广泛。

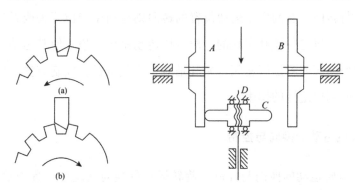

图 1-19 棘轮换向示意图　　　图 1-20 摩擦轮换向示意图

第四，自身换向机构。根据机构结构特征，可让从动件换向更加自动化，也可以叫作自身换向机构，能够实现这种自身换向任务的有曲柄摇杆机构以及摆动凸轮机构等，另外像一些组合机构也可以实现。下图 1-21 展示的就是自身换向机构，在图 1-21a 里面，曲柄 AB 在不停地转动，并且摇杆 DC 也在一直摆动，并且它的摆动角度都不超过 180°。在图 1-21b 里面，凸轮不停地转动，而摆杆 BC 也在往复摆动，并且摆动角度也不会比 90° 多。对于空间摆动凸轮来说，摆杆往复摆动也是可完成的。

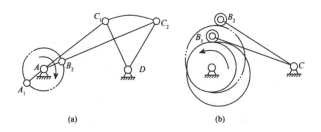

图 1-21 自身换向机构示意图

（2）直线移动的换向与控制。对直线移动有要求的机械也有许多，例如压缩机的活塞运动，刨床的刀具运动，机床工作台的运动等都对于直线移动有着相应的要求。下面列举了几项能够实现直线移动的常见换向方法：

第一，通过对电动机转向进行改变。采取直线电动机就可以实现直线运动，它的换向控制方法和转动电动机一样。下图1-22a就是关于电动推拉门的启闭图。当电动机正反转的时候，会让大门的齿条受到齿轮的驱动影响，实现了大门的往复运动。图1-22b展示的是电动感应推拉门，在传送带的上侧和下侧分别将门固定上，然后根据电动机正反转以及传送带的运用来实现门的启闭。

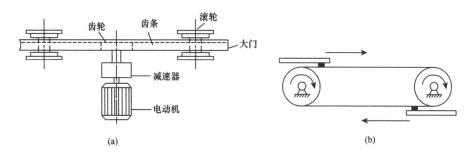

图1-22　电动大门示意图

第二，自身换向机构。可以利用自身换向机构来实现往复直线移动主要有几种换向机构：第一种是曲柄滑块机构，第二种是双滑块机构，第三种是直动凸轮机构，最后一种是特殊设计机构，它们的共同点就是主动件在不停地进行转动，而从动件主要是往复直线移动。图1-23就是自身换向机构图，在图1-23a当中，曲柄经过了一周的转动，那么相应的滑块也就往复移动一次。在图1-23b里面带的双滑块机构当中，曲柄转动了一周后，那么两滑块就会各自进行往复移动。在图1-23c中的凸轮机构里面，凸轮开始转动一周，那么从动件也就相对往复移动一次。

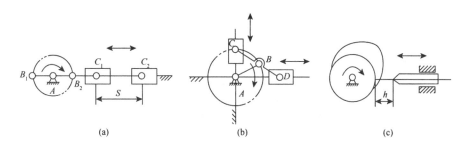

图1-23　自身换向机构原理图

2. 机械运动的调速与控制

在机械运动中，其组成部分即工作机与原动机，在相同时间内转动的速率是不相同的。所以在机械处于工作状态的时候，需要对二者的转速进行调节。因此，各学者们针对此问题展开研究，讨论应采取何种方式平衡该现象。由此，产生了通过将转矩增大而降低速度的装置，即减速器，相对的，也有通过减小转矩而增加速度的增速器，还有在不同场合，根据需要变换速度的变速器。在对增速的、变速器等装置进行设计时，可以因地制宜，根据多种条件因素进行定制化设计。减速、变速方式有下列类型：

（1）调速电动机。通过对电动机在工作时的速度进行调节，使其形成低速大转矩的工作模式，是对机械装置调控速率的较好方式。在现有的科技水平下，人们在对直流电动机的研究方面取得了很大成果，已经开始将发展成熟的可调速直流电动机产品化。但该产品也有不少缺点，即在生产成本上花费过高、电动机的体积过大。目前，在对变流电动机的速率进行调节时，并且没有太好的解决办法，只能依靠恒转矩的方式进行调速。

（2）齿轮减速器。齿轮减速器在使用中具有很大的优势，即不容易受到损坏、传动效率高、加工成本低廉、具有极高的可靠性，因而在市场上得到人们得广泛认可。该产品在市场上的流通已经非常成熟，根据人们不同的需要，做出了设计，即有着多种系列、尺寸的减速装置。

在对平行轴减速器的设计上，可以选用多种形式的装置，即直齿圆柱齿轮、斜齿圆柱齿轮、人字齿圆柱齿轮等，选择方式比较多样。在对减速器进行选择上，一般考虑安装环境、要到的条件等。

在精心设计减速器的过程中，学者们提出了输入输出同轴模式的减速器，该减速器也具有多种形式，即行星齿轮减速器、摆线针轮减速器、谐波减速器。

垂直轴减速器在选择适配的减速器时，可以选用锥齿轮形式，机械处于传动比大的状态时，可与圆柱齿轮进行组合。为了加强人们对减速器的深入认知，如图1-24选取了几种减速器的示意图。图1-24a选取的是圆柱齿轮减速器图片，图1-24b选取的是圆柱齿轮、锥齿轮组合减速器图片，图1-24c选取的是蜗杆蜗轮减速图片器，图1-24d选取的是行星齿轮减速器图片。

（3）其他减速装置。在其他减速方式上，还可以通过采用带状装置、链状装置等进行调节，以上几种方式多用于传动比较小、中心距较大的情况。

（4）变速器。变速器还可以分为两种类型，即有级变速器和无级变速器。前者

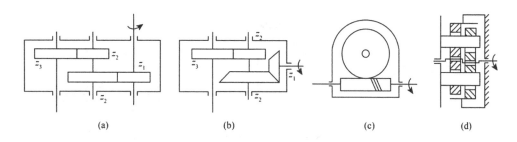

图 1 - 24　减速器示意图

在改变速度上,依靠的是齿轮在运作时的啮合作用。如图 1 - 25a 所示为二档滑移齿轮变速器,采用手动方式。如图 1 - 25b 所示为行星齿轮变速器,有五个齿轮在进行工作,并且采用电动的方式分别控制不同的工作档位。

目前的无级变速器在使用范围上还存在有一定的局限性,即通过摩擦进行工作,承受的功率较小。

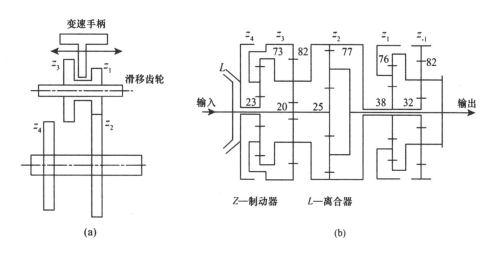

图 1 - 25　齿轮变速器简图

摩擦无级变速器的传动原理在整个系统的设置中处于重要位置,并且受到学者广泛关注。如图 1 - 26 所示为几种常见的无级变速器示意图。图 1 - 26a 中,其速度的改变是通过改变圆柱轮位置,即将圆柱轮 A 向圆锥轮 B 的方向移动,从而改变接触半径。图 1 - 26b 中,通过改变 A、B 轮的位置,对 V 带轮进行控制,缩短、增加轮半径或调整中心距,从而改变系统运转速度。图 1 - 26c 中通过改变轴线的角度,对摩擦半径进行调节,进而改变系统运转速度。

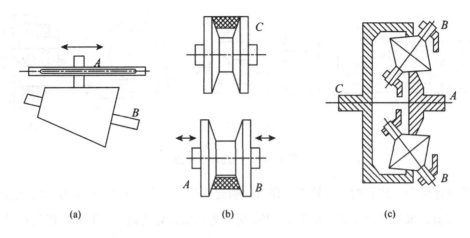

(a)   (b)   (c)

图 1 - 26 无级变速器示意图

3. 机械运动的离合与控制

有时在原动机进行工作的时候，需暂停一部分的系统控制，为不影响整体系统的操作，学者们研究出了离合器装置，并在多种机械工作中得到广泛应用。离合器的设计采用多种形式，即人们手动进行控制的离合器和以电磁为主要工作手段的离合器。离合器的工作原理图如图 1 - 27 所示。图 1 - 27a 图片是牙嵌式离合器。通过对离合器进行调控，可改变机械的运动状态。图 1 - 27b 所示为多片式摩擦离合器，通过改变滑环的位置，增加摩擦系数，从而改变运动方式。图 1 - 27c 所示为电磁离合器，在通电后，可以左右两半离合器进行衔接，进而实现对系统地操作。

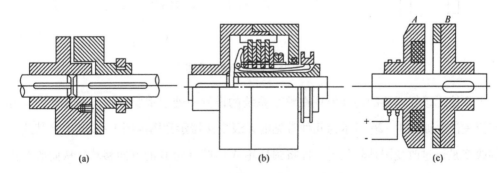

(a)   (b)   (c)

图 1 - 27 常用离合器的工作原理图

4. 机械运动的制动与控制

为了提高机械的工作效率，在许多机械中都安装了制动器系统，并设计了多种制动器类型，如用机器控制的机械式、以电磁为主要手段的电磁式、以液压系统为主的控制方式等，在形式划分上，还存在摩擦式或杠杆式。为了加强人们对制动器的认知，图1-28选取了几种制动器类型进行展示。如图1-28a所示为采用杠杆原理进行控制的制动器，如图1-28b所示为闸瓦式制动器，如图1-28c所示为凸轮楔块式制动器。

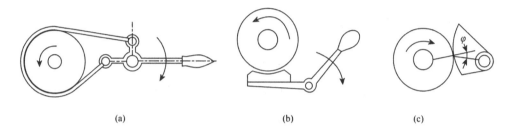

(a)   (b)   (c)

图1-28 最简单的制动器示意图

制动器是对机器进行制动的装置，可以防止机器产生逆转问题。制动器的使用范围较为广泛，根据控制方式的需要，可以在机械运动中满足不同的需求。为了保障机械的完整性，在建立控制系统的同时也会制作紧急制动装置。以防机器失灵产生破坏。在对机械的运动形式进行设计时，要和控制方式相结合，二者协调工作，以使机器更加地完善。

二、机械系统的类型及发展

（一）机械系统的类型

能否对机械系统进行准确地把控，具有了极好地控制性，按这两个要求可以把机械系统，分为刚性和柔性两种。

1. 刚性机械系统

刚性机械系统一般是独立存在的，且由机械装置与电气装置共同进行组合。在系统控制上要求较为单一，如只具有开、反转、停止等功能，不能随意进行控制。应该刚性机械系统的地方较多，如工厂的车床、钻床及工地中使用的起重机等。

2. 柔性机械系统

在柔性机械系统的设置上，可对其进行智能化系统的管理，即控制传感器或电路这两种方式，通过对计算机参数的调节，如位移、速度、压力、温度等，改变机械运动状态。对于柔性机械的定义如下：可改变软件、硬件功能状态的都属于该系统，如数控机床和机器人。

（二）机械系统的发展

随着电子技术不断革新，机械系统也不再局限于传统模式，渐渐向新模式发展转变，由此，机械电子学应运而生。不仅是机械技术，机械系统也从刚性逐渐演变为柔性，更大力度地推动了机械系统的发展。

机械电子学在一定程度上改变了机械系统的发展，让其机械系统设计发生了很大变动，即刚性向柔性转变的趋势。

三、机械控制系统及发展

机械系统是一套完整的、系统的、精密的运行系统。因此要求各个执行机构的运动都要符合生产的要求，并遵循一定的规律和顺序，这种顺序和规律性的执行需要借由控制系统和运动协调来完成，以下就对机械的控制系统进行详细的说明和介绍。

机械系统控制的工作任务包括了四类：一是控制各个执行机构遵循既定的规律和顺序进行运行；二是对各个运动构建的速度、加速度和位置进行控制和改变；三是要对各个运动构件的运动进行协调和控制，确保了能达到作业要求；四是控制和监督整个系统的运行，避免事故，在系统出现非正常运行时进行报警。

（一）机械控制系统的类型

机械设备中可以采用各种各样的控制方法，以下四种类型是根据元器件和装置进行的分类，其详细情况如下：

1．机械控制

如图 1－29 所示为汽车发动机的离心调速器，调速原理如下：调速器轴 11 上固装有带径向槽的主动盘 1，槽中放置钢球，当钢球随固定盘旋转时，即受到离心力的作用而企图向外飞开，钢球左侧是不可移动的钢板，右侧为可左右滑动的滑套 10，滑套的锥形盘在调节弹簧 6 的作用下保持和钢球相接触。杠杆 8 一端与滑套相接触，另一端连接调节供油量的拉杆 4。当发动机因载荷减小而使曲轴转速上升时，钢球受到的离心力作用增大，向外移动并推动滑套向右移动而使杠杆 8 绕固定轴 7 逆时针方向转动，拉杆 4 推动供油量调节臂 5，降低发动机的供油量，使发动机的转速下降。相反，当发动机因载荷增大而使曲轴转速下降时，钢球受到的离心力作用减小，向内移动，在调节弹簧 6 的作用下，杠杆 8 绕固定轴 7 顺时针方向转动，拉杆 4 拉动供油量调节臂 5，增加发动机的供油量，进而提高发动机的转速。通过离心调速器的调节作用，发动机的转速便可以稳定在一个设定的范围内。

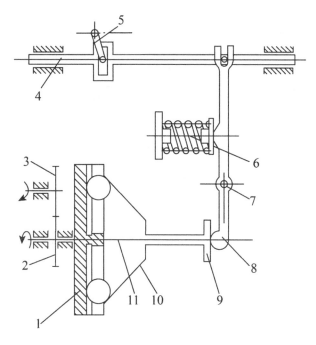

图 1－29　利用速度变化进行控制的汽车发动机调速器

1—主动盘；2、3—齿轮；4—拉杆；5—供油量调节臂；6—调节弹簧；

7—固定轴；8—杠杆；9—平板；10—滑套；11—调速器轴

2. 液压控制

液压控制是采用液压控制元件和液压执行机构，根据液压传动原理建立起来的控制系统。如图 1-30 所示，图中以液压缸 2 和 5 的行程位置为依据，来实现相应的顺序动作。工作当中，当按下启动按钮，电磁阀 1YA 吸合，液压缸 2 向右移动，液压缸 5 因相应的控制电磁阀断开不进油而维持不动。当液压缸 2 挡块压下行程开关 4 时，电磁阀 3YA 吸合，液压缸 2 停止运动，液压缸 5 开始前进。当液压缸 5 挡块压下行程开关 7 时，电磁阀 2YA 吸合，液压缸 5 停止运动，液压缸 2 开始返回。当液压缸 2 的挡块压下行程开关 3 时，电磁阀 4YA 吸合，液压缸 2 的返回运动停止，液压缸 5 开始返回。当液压缸 5 的挡块压下行程开关 6 时，液压缸 5 的返回运动也停止，由此完成一个工作循环。利用这种顺序动作进行控制，对于需要变更液压缸的动作行程和动作顺序来说比较方便，因此在机床液压系统中得到了广泛应用，特别适合于顺序动作的位置及动作循环经常改变的场合。

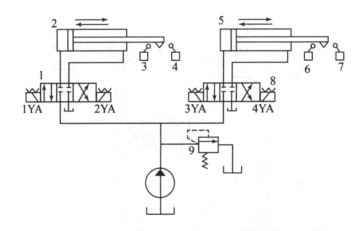

图 1-30　利用速度变化进行控制的汽车发动机调速器

1—主动盘；2、3—齿轮；4—拉杆；5—供油量调节臂；6—调节弹簧；

7—固定轴；8—杠杆；9—平板；10—滑套；11—调速器轴

3. 电气控制

电器控制是最为普遍和广泛运用的控制方法，这是由其自身的优势所决定的，主要有操作简单便捷、系统的体积较小及系统安全可靠性强，远距离控制效能好等，并可以将速度、加速度、压力及色彩等物理量的变化通过传感器转化成电量，再通过控制系统进行操作。采用电气控制系统需要遵循以下原则：

（1）在工艺条件和动作要求上都需要达标。

（2）选择的电子、电气元件要符合要求，确保安全可靠性。

（3）进行了停机操作后，控制系统的电子元件也要有断电的功能。

（4）具备抗干扰的能力，防止失误操作带来损失。

（5）具有一定的经济性，管理和维护操作都较简单。

（6）保持一定的寿命。

（7）需要安装紧急手动控制系统，防止自动控制系统失灵造成损失。

电动机具备维修简便、价格亲民和构造简单等特点，因此在实际中得到了普遍和广泛地使用。电气控制可以对交流电动机进行开、关、正反转和停的操作，但对步进电动机和直流电动机的控制还多了一个调速的控制。一般的三相交流异步电动机基本上都可以进行开、关、停和正反转操作，若是再进行限位开关设计，则能准确控制机械的位置。直流电动机控制电路的三相半控桥式整流电路是设置在左半部。晶闸管整流的电源是可以调节的，利用控制信号的不同来决定脉冲的相位，从而控制直流电动机的电压，实现无级调速功能，右半部则是正反控制的原理图。

电磁铁是普遍使用的开关元件，利用电磁转换原理实现开关控制的电子元件包括了继电器、接触器和电磁开关等，而且电磁铁也可以受电气系统地控制，对执行机构的各个运行动作进行控制。

4. 智能控制

利用电子技术、传感器技术、控制技术以及计算机技术融合在一起进行控制的方式称之为智能控制。以点阵式打印机的工作原理为例，其中直流伺服电动机、步进电动机、电磁铁和直流电动机的控制是由计算机完成的。而电磁铁吸合衔铁、衔铁击打钢针和螺旋管状线圈通电等功能的实现则带动了打印头的运动。直流伺服电动机驱动是控制字车进行轨迹移动，步进电动机带动走纸机构的移动，各个执行系统都需要在正确的信号传递下进行工作。

随着传感技术和电子技术得不断进步，为传统机械带来非常大的挑战。电子控制技术的广泛运用，能较大程度的简化机械系统的结构。以上所列的点阵打印机的工作原理中，想要依靠机械系统自身的机构来完成字车机构、色带机构和送至机构的运动协调基本上是不可能的。由此可知，创新化的机电组合机械设计必须符合工艺的要求，并选择合适的控制元件和制定科学的控制方法。换言之，在设计时要充分结合计算机系统、传感系统和机械系统知识，进而更加简化机械系统的组成，并将软件优势予以最大化，并有效减少机器成本投入。控制种类是选择开环控制还是闭环控制时，也要充分考虑工艺生产要求。

（二）机械控制系统的发展

随着自动控制和计算机技术的迅速发展，机械控制系统变得越来越先进和复杂，也增加了它的可靠性，能够精准控制运动方向和时间、速度以及位置等。例如，在微型计算机里面加入已经经过速度发电机以及脉冲编码器检测之后的速度信号及转角，根据采样周期将计算机提前就输入好的程序的信号采取运算处理的方式，然后通过计算机来发送驱动信号，这样就可让电动机根据特定的规定进行运转。

设计现代控制系统已经不单单只具备计算机技术、传感器和接口技术、模拟以及数字电路、软件设计等知识范围，同时也要具备相应的生产工艺知识。

通常来讲，控制对象能够划分为下列两大类：

首先，控制对象是位移、加速度以及温度等数量情况，根据数量信号来进行分类：一种是模拟控制，另一种则是数字控制。将以上控制对象的大小进行转换，让它们成为一定的电流信号，也可以叫作模拟量。处理模拟信号的这种行为也叫作模拟控制。它并没有很高的精度，关键在于控制电路没有很复杂，使用起来比较便利。将位移、加速度以及温度和压力的大小进行转换，让之成为数字信号，也叫作数字量，处理数字信号也可以称数字控制。

其次，控制对象是物体的动、停、有、无等状态，也能叫作逻辑控制。这种控制方式通常是使用二值"0""1"的这种信号作为表示。

控制对象是数量大小以及精度高低的时候，会经常性的检测输出和输入指令并查看误差值，之后再针对误差去修改，此控制方式也可以称为闭环控制。反馈过程就是将输出结果进行返回，并且和输入指令进行对比。相比于反馈指令，开环控制是与其完全不一样的一种，这种指令的输出结果不会返回到输入端。

因为现代机械一直都在朝着高速以及高精度的目标前进，闭环控制也开始被更多的领域使用。例如，机械手、位控制以及机器人运动的点都是根据反馈信号来进行动作调整，这样才可以满足精密要求。反馈控制阶段利用输出信号进行的反馈，迅速捕捉每一个参数之间的关系，之后实现高速、高精度控制功能，现代控制理论也是在这样的条件下被不断地完善和发展。

根据以上描述可以总结出，现代机械的控制系统融合了计算机、接口电路、传感器以及电器、电子、电磁、光电元件等，也正在往自动化、高速化以及精密化方向发展，不管是安全性，还是可靠性方面都有所增强，并且对于机电一体化机械来说，这种控制系统也更加重要。

四、提高机械创新水平的途径——机电一体化

现阶段，机械、电子、计算机等各种技术融合产生了一项综合技术，即机电一体化技术。随长期发展，这项复合技术已经涉及不同的行业，以机械工业为代表的各个领域进入了改革时代。

复合技术被广泛应用之后，早期选取机械转动系统与不同的执行构件进行相连，改成选择电动机进行驱动，选取电子器件、微机分别调配不同的执行构件，进而实现工艺制作的目的。比如，通过微机调节的精密插齿机，能够降低传动部件的消耗。选择单片机调配电脑缝纫机，和传统的缝纫机进行对照，节省了300多个零件，进而也降低因机械磨损及间隙配合等造成的细小误差。微机控制系统能够非常准确的根据提前设定的定量，促进相一致的机械动作中因不同的影响因素导致的误差及时给予自动修正，进而实现单一的机械方法无法完成的工艺质量。

例如，经过微机进行调配的精密插齿机将齿轮改造之后能够增强准确度。由于复合技术普遍的选择微机进行调控，因此仅仅需要改变计算机编码，即可以改变机械的加工水平等。选取微机控制系统能够达到一台机器控制不同传动设备运行以及各个作用之间的平衡状态，达到机械自动化的目标。比如，在数控机床处理以及改造零件的过程中，零件的制作程序、各种数据及机床运动规定等等都通过数控语言储存至相关载体上，再传送至能够调节机床运动的数运装置，进而达成自动化生产的要求。这种复合技术的广泛传播与应用，促进了机械运动系统地创新与构建，保证设计的机器趋于成熟。关于控制系统，不管是选择机械类型的还是电子类型的，

它们的执行机构一般都是机械设备。因此，机械创新设计相对简单，属于基础的设计内容。

第三节　现代机械设计方法的发展及其特点

"时代从未停滞发展的脚步，与过去比对来看，当前时代的机械制造工艺发展速度非常快，而且总体上有了显著的发展，这主要体现在产品制造工艺层面中，在质量有了提升的前提之下，工艺也得到了显著的创新。"❶

一、机械设计的概念及要求

机械设计是泛指机器及其零部件的设计或单独一个部件、零件的设计。它是从市场的需求出发，通过构思、计划和决策，确定机械产品的功能、原理方案、技术参数和结构等，并把设想变为现实的一种技术实践活动。机械设计的最终目的是要得到一种能达到预定功能要求，性能好、成本低及价值最优，并且能够满足市场需求的机械产品。

任何机械产品都始于设计，设计质量的高低直接关系到产品的功能和质量，关系到产品的成本和价格，机械设计在产品开发中起着非常关键的作用。为此，要在设计中合理确定机械系统功能，增强可靠性，提高经济性，确保安全性。

机械的类型虽然很多，但其设计的基本要求大致相同，主要包括：①实现预定的功能，满足运动和动力性能的要求；②保证可靠性和安全性的要求；③符合市场需要和经济性的要求；④达到操作使用方便的要求；⑤推行工艺性及标准化、系列化、通用化的要求；⑥在不同工作环境和要求下的某些特殊要求。

工程设计按其性质可分为常规性设计与创新性设计。用成熟技术结构为基础，运用常规方法而进行的产品设计是常规性设计。常规性设计在工业生产中大量存在，并且是一种经常性工作。为了满足市场需求，提高产品的竞争能力，就需要改进老

---

❶ 杨磊. 现代机械设计方法研究［J］. 科技创新与应用，2018（13）：93.

产品，研制新品种，降低生产材料、能源的消耗，改进生产加工工艺等。在这种情况下，就需要在设计中采用新的技术手段、技术原理和非常规方法，即需要进行创新设计。所谓创新性设计就是旨在提供具有社会价值的及新颖而独特成果的设计。

二、常规设计方法

（一）理论设计

根据经过长期研究与实践总结出来的传统理论和实验数据所进行的设计称为理论设计。理论设计可得到比较精确、可靠、合理的结果，大多数机构的尺寸设计和重要零部件的工作能力设计等均采用理论设计。

理论设计的计算过程又分为校核计算和设计计算两种。校核计算是参照已有的实物、图纸和经验数据，采用类比法、实验法等初步定出零件的形状和尺寸，再用理论公式校核其强度是否满足使用要求。转轴的强度校核等属于校核计算。设计计算是指按照机械中零件已知的运动要求、受力情况、材料的特性以及失效形式等，运用一定的理论公式设计出零件的主要尺寸或危险剖面的尺寸，然后根据结构和工艺等方面的要求，设计出具体的结构形状，齿轮、轴的强度计算等属于设计计算。

（二）经验设计

根据设计者的工作经验或经验关系式用类比的方法进行的设计称为经验设计。那些结构形状变化不大且已定型的零件多采用这种设计方法，如机器的机架、箱体等结构件的各结构要素。对于通过经验设计的零部件来说，通常不进行理论性的校核计算。

经验设计的特点是简便、可靠，避开了繁琐的计算，但是缺乏相似类型的机械可供类比，故还受到一定限制。

（三）模型实验设计

根据零部件或机器的初步设计结果，按比例做成模型或样机进行试验，通过试验对初步设计结果进行检验与评价，从而进行逐步的修改、调整和完善的一类设计方法称为模型实验设计。

对于一些尺寸较大、结构复杂而又十分重要的零部件，例如新型重型设备、飞机的机身、新型船舶的船体等，由于难以进行可靠的理论设计，可以采用模型实验设计的设计方法。

三、现代设计方法

现代设计方法是科学方法论应用于设计领域而形成的设计方法。近年来，现代机械设计方法已经得到了迅速发展，形成了许多相对比较成熟的分支学科，如优化设计方法、可靠性设计方法、有限元分析方法、计算机辅助设计、绿色设计以及模块化设计方法等。在一些机械产品的实际设计中，这些方法得到了不同程度的应用，取得了相应的效益。但是这些方法在工程实践中还没有被普遍采用，一些新的设计思想和方法更有待于探索发展。

（一）优化设计

优化设计方法是根据最优化原理和方法并综合各方面的因素，以人机配合的方式或用"自动探索"的方式，借助计算机进行半自动或者自动设计，寻求在现有工程条件下最优化设计方案的一种现代设计方法。

（二）可靠性设计

在常规机械设计中，有关强度、应力与寿命等指标的评定是以设计数据的均值为准则的。但由于材料、工艺和使用等随机因素的影响。它们实际上是离散的、并呈一定的统计分布状态。可靠性设计应用概率统计理论研究零件、产品或系统的失效规律，可以在给定可靠度下确定零部件的尺寸，或者已知零部件尺寸确定可靠度及安全寿命。

（三）有限元设计

有限元设计是根据变分原理和剖分插值将形状复杂的零件或结构分成有限个小单元。从力学角度通过对各个单元的特性分析和整体协调关系，建立联立方程组，采用有限元计算程序（已有商品化软件）求出各单元的应力和应变。当单元划分得合理或足够小时，可以得到十分精确的解答。有限元设计与优化设计相结合在工程结构领域现已发展到结构形状优化设计。当前，有限元设计还扩展到求解热、电、声及流体等连续介质许多问题。

（四）计算机辅助设计

计算机辅助设计（CAD）是随着计算机技术的发展而出现的。计算机辅助设计就是在设计中应用计算机进行设计和信息处理。它包括了分析计算和自动绘图两部分功能。

CAD 系统应支持设计过程的各个阶段，即从方案设计入手，使设计对象模型化；依据提供的设计技术参数进行总体设计和总图设计；通过对结构的静态和动态性能分析，最后确定设计参数。在此基础上，完成详细设计和技术设计。因此，CAD 设计应包括二维工程绘图、三维几何造型及有限元分析等方面的技术。

（五）绿色设计

绿色设计通常也称为生态设计或环境意识设计，是 20 世纪 90 年代初期围绕发展经济的同时，如何同时节约资源，有效利用资源和保护环境这一主题而提出的新的设计概念和方法。绿色设计在整个产品生命周期内主要考虑产品属性（可卸载性、可回收性、可维护性、可重复利用性等），并且将其作为设计目标一，在满足环境目标要求的同时，还要保证产品的应有功能、使用寿命和质量等。

除此之外，还有一些新的设计方法，如虚拟设计、概念设计、反求工程设计、面向产品生命周期设计等。这些设计方法使得机械设计学科发生了很大的变化。

第二章 机械产品创新设计方法研究

第一节 机械产品的设计步骤

一、关于机构的名词术语

（一）机构

机器中执行机械运动的装置统称作机构。

（二）最简机构

把由 2 个构件和 1 个运动副组成的开链机构称为最简单的机构，简称最简机构。其组成机构最少为 2，且为开链机构。机构学当中，最简机构应用比较广泛，机械的原动机常用最简机构表示。

（三）基本机构

把含有 3 个构件以上、不可以再进行拆分的闭链机构称为基本机构。其要素是闭链且不可拆分，如各类四杆机构、五杆机构、3 构件高副机构（凸轮机构、齿轮机构、摩擦轮机构、瞬心线机构）、3 构件间歇运动机构和螺旋机构、3 构件的带传动机构与链传动机构等都是基本机构。任何复杂的机构系统都是由基本机构组合而成的，这些基本机构能组成各式各样的机械，做不同种类的动作，但必须通过串联、封闭连接和叠加连接组合到一起。因此，机构创新的本质是研究它们之间的运动规律和组合方法。

（四）基本机构的组合

通过一些方法将基本机构进行组合，得到一个普遍应用在工程中的复杂机械系统。基本机构有以下两种组合方式：

第一种是各个基本结构之间单独动作互不干扰，并且没有连接，同时，各个基本机构的运动关系需要符合特定协调关系的机构系统。

在自动输送机械系统中，两套液压机构为完成工作目标，受控制系统来协调运动，但是它们之间只是各自单独工作。近来，此类机械系统已被普遍运用，协调运动与选择机构是设计面临的重要问题。当下，越来越多地使用自动控制方法对机械装置进行运行协调设计。

第二种是构成机构系统的各基本机构采用了一定的连接方式，主要有四种，分别是叠加组合、串联组合、封闭组合、并联组合，应用最广泛的组合是串联组合。机械达到物料的分拣，在机械系统中，带传动机构、摆动滚子、蜗杆机构从动件凸轮机构、正切机构铰链四杆机构相互连接，组合成复杂机械系统。机械的装置是各个基本机构进行的组合设计，它们使用了各式各样的连接方式，才创造出越来越多的新机械。此类机械在实际应用中最为广泛，同时是机械创新设计课程的重要组成部分。

在理解基本机构具备的特性和规律的基础之上，根据机械系统的要求，选择适合的机构类型与数量，进一步组合设计，对于机构进行创造性设计提供"捷径"。

二、机械产品设计的一般过程

机械设计的过程相当烦琐，涉及的工作量巨大。不同国家、不同企业、不同类型的机械，其产品的开发、设计过程不尽相同。尽管如此，设计的一般过程和主要内容却基本上是一致的。

工程设计过程是一个反馈的过程。一个有成就的设计人员的基本素质是绝不丧失信心，在设计程序中的任何一步，都力争获得信息，从而使自己能按反馈回路返回到前一步。实际上，为生产—消费循环所证实了的成功的设计常常是由于在设计过程中同时做了试制研究而获得的。因此，在长期持续不断的坚持之下，可使产品设计获得很大的进步。

创新是设计的本质特征。没有任何新技术特征的技术不能称为设计。设计的创新属性要求设计者在设计过程中充分发挥创造力，充分利用各种最新的科技成果，利用最新的设计理论做指导，设计出具有市场竞争力的产品。设计过程一般分为产品规划、方案设计、技术设计及施工设计等四个阶段。

（一）产品规划

产品规划就是通过调查研究确定社会需求的内容和范围，并进行市场预测，将社会需求定量化、书面化，确定设计参数和约束条件，制订设计任务书。产品规划阶段最终形成的是设计任务书，是后续设计、评价、决策的依据。设计任务书大体上应包括产品的功能、经济性及环保性评估、制造要求、基本使用要求，以及完成设计任务的预计期限等。这个阶段，对于这些要求及条件通常只能给出一个合理的范围，而不是准确的数字。

（二）方案设计

方案设计（也称为概念设计）阶段确定实现功能的原理性方案，对产品的原动机部分、工作机部分、传动部分和控制部分分别进行方案性设计，产生原理方案图。产品各个部分的设计往往有多个方案，在众多的方案中，技术上可行的往往只有几个。对这几个可行的方案，从技术、经济、环保等方面进行综合评价，从而确定整个产品的原理图。

（三）技术设计

技术设计（也称为细节设计）是在方案设计的基础上将原理方案具体化、参数化、结构化，根据功能要求确定零件的材料，通过失效分析确定结构的具体参数，通过功能分析和工艺分析确定零件的具体形状及装配关系。技术设计阶段的目标是完成总装配草图及部件装配草图。通过草图设计确定各部件之间的连接以及零、部件的外形及基本尺寸。最后绘制零件的工作图、部件装配图和总装图。

为了提高产品的市场竞争力，需要应用各种最新的设计理论与方法，对技术方案进行优化设计和系列化设计。根据人机工程学（工效学）原理进行宜人化设计，根据工业设计的原则进行产品的外观设计，让产品既实用，又适应市场商品化的要求，成为能够经得起市场竞争考验的商品。

（四）施工设计

施工设计是在装配图设计的基础上，根据施工的需要产生零件图，完成全部设计图样，并编制设计说明书、使用说明书及其他设计文档。

在产品投产前要通过产品试制，检验产品的加工工艺和装配工艺。根据试制过程进行产品的成本核算，对产品设计提出修改意见，进一步完善产品设计。

计算机辅助设计（CAD）的优势：可充分利用计算机运算速度快、存储容量大、检索能力强的优势，提高设计速度；通过对大量可行方案的设计、分析、比较、评价、优选，提高设计质量；通过便捷的信息传播手段，充分调动分布在不同地域的优质设计资源，同时对产品的不同部分进行设计，对产品的材料、功能和工艺进行并行设计，缩短设计周期；充分地利用分布在不同媒体上的有效信息，保证设计的有效性。

三、机构创新设计的基本内容

"机械创新设计是指在设计者充分发挥创造力的前提下，使用现有的科学技术对构思进行创新，从而设计出实用性、新颖性及创造性的机械产品。"❶

（一）机构的创新设计

机械原理课程有许多创造性内容，创造性蕴含在综合性的典型机构中，例如，凸轮机构运动的特定规律需要设计实现，连杆机构运动的特定规律与轨迹需要设计实现，以及别的类型的机构都是机构进行的创新设计。每一种创新机构的问世，都

---

❶ 高建，孙建广，祝岳铭. 现代设计方法在机械创新设计中的研究［J］. 西部皮革，2016，38（10）：44.

会促进科技和生产力的进步。例如，斯蒂芬森机构、瓦特机构使蒸汽机获得长足发展；特瓦特机构促使并联机床、车辆运动模拟器以及新型航天运动模拟器的诞生。

（二）机构的应用创新设计

机构的应用创新设计需要在一定条件下进行，即机构类型不变。只有变换机构中的机架、变异运动副的形状、变异构件形状、同等效率下更换运动副自由度，设计出来的新产品才能满足需求。

简单的机构通过变换的手段，不但能设计出各式各样的机械装置，还能达到不同机械的工作要求。

（三）机构组合的创新设计

通常情况下，机构组合的创新设计有两种模式：第一种为完成一定的工作目标和任务，各基本机构工作时相对独立，它们中的运动协调需要经由控制和机械手段来完成，同时需要有一个系统的机械系统；第二种是采用某种连接方式将杆组和各个基本机构连接，组成一个机构系统的同时完成一定的工作要求和任务。机械装置的实际工作中，单个机构的使用频率并不高，使用较多的是复杂的机构系统，所以，要对机构组合的方法及设计理论进行深入研究。

第二节　机械产品创新设计的原则和原理

一、机械产品创新设计的基本原则

（一）以人为本的原则

机械产品创新设计是一门高度综合性的交叉学科，涉及众多学科领域。当今市场需要设计师的素质能力是设计开发的策划能力、设计思想的表现能力、综合设计的思考能力、组织与协调能力以及其他 CAD 操作能力等。要达到这些目的，必然要遵循一系列相应的基本原则。其中最重要的原则是以人为本的原则。市场的认同应该是设计成功的最大裁判者。机械产品创新设计是以用户需求为导向的，这是许多国际知名大企业都非常注重的重要设计原则，在他们的新产品研发步骤当中，以人为本的原则体现在许多设计的细节上，设计人员特别关注的是最大限度地满足用户的需求和方便。

（二）系统化原则

机械产品创新设计是一种最新智力资源，它是产品和企业管理各个方面的系统化运作的结果，发达国家的设计师对工业设计的系统化更是深有体会，已将这种智力产品普遍化。机械产品创新设计的价值得不到企业与社会的承认必然会阻碍设计实务机构迅速成长，难以建立为企业及社会公共事业开展设计的社会服务系统。机械产品创新设计过程中的系统化概念尚未被国内企业界真正接受是十分重要的深层次原因。有些企业虽然逐渐开始自觉引入机械产品创新设计，却把它仅当作设计人员和技术人员的事，各个方面人员和科室以互为独立的状态开展工作，距离上级管理层、决策层甚远。

设计人员除了课堂上学到的各种专业知识和技能之外，还必须具备广博的历史、文化、地理、国际事务、营销学知识结构，还要善于把专业知识与人文科学、自然科学知识巧妙地加以结合，能够综合运用多方面的知识和技能。另外，还要善于把自己在设计室内的设计思想与自己的上级领导以及时沟通并获得上级的肯定，这又需要设计人员的语言表达能力、人际关系协调能力等。

由于实施了系统化原则，产品的外观更加多样化和多元化，情感设计实现了人和产品之间良好的感性交流，使得产品不但是冷冰冰的物品，不再局限于短期的使用需要，而是让人产生喜爱之情，对产品产生依恋之情并由此转变人们对产品和品牌的态度。

（三）环保原则

必须承认，某些起源于 20 世纪工业化时代的设计是降低美感、破坏人类完美的自然生态环境的衍生物，各种产品的不可再生性、高耗能低重复使用性已经造成了不可挽回的环境污染。在崇尚回归自然文明的现代思潮的大背景下，全球出现了保护自然、保护环境的呼声，这一呼声尤其针对现代工业发展中的资源浪费、环境污染而来，工业设计在此过程理当扮演重要的角色。

"低碳设计""绿色设计"是绿色设计思想的具体表现。在国外，设计已经成为产品设计师、政府官员、银行、工程师和环境保护专家共同参与的一件事，这一点尤其值得我们在设计中借鉴。当代绿色设计需求给机械产品创新设计师提出了一个严肃的课题，它强调保护自然生态，充分利用资源，以人为本，与环境为善。作为设计行业的工作人员，无论从意念到表现，都注意环保理念在机械产品创新设计的运用，这将会给设计带来新的生命内涵。应当深刻认识到，随时代的发展，人们审美观念的改变和绿色环保意识的与日俱增，设计作品一方面固然要不断完善实用功能，从需求上获得满足，另一方面更应当顺应现代审美潮流，追求环境保护的效果。

因此，运用绿色设计观念，完善设计作品与人类的协调非常必要。在环保原则指导下，当代设计人员对产品设计的功能、性能、造型形态进行多方面分析，满足何种人群或个体差异的要求（包括心理和生理需求），对产品的使用方式、使用时间、地点、使用环境进行研究，以及由此产生的社会后果（如安全、环保、低耗）等，进行科学系统的分析、研究、归纳，对产品的整体形象设计进行定位，通过方案的选择、优化，形成产品形象设计的绿色环保性，逐步地实现把产品的形象设计统一提升到企业整体形象和关爱环境以及保护环境这两个方面兼顾上来。

二、机械产品创新设计的基本原理

创新设计方法是以创造学理论，尤其是创造性思维规律为基础，通过对广泛的创造活动实践经验进行概括，总结、提炼而获得创造发明的一些原理，技巧和方法。创造技法的基本出发点是打破传统思维习惯，克服阻碍创新设计的各种消极的心理因素，充分发挥创新思维，来提高创造力为宗旨，进而促使多出创造性成果。

（一）主动原理

主动原理即创造者经常保持强烈的好奇心，用于设问探索。

（二）刺激原理

刺激原理即广泛留心和接受各种外来刺激，善于吸纳各种知识和信息，对各种新奇刺激有强烈兴趣，并且跟踪追击。

（三）希望原理

希望原理即不安于现状，不满足于既得经验和既成事实，追求产品的完善化和理想化。

（四）环境原理

环境原理即保持自由及良好的心境，有容许失败的社会经验。

（五）多多益善原理

多多益善原理即树立创造性设想越多，创造成功的概率越大的信念，解决任何问题都要设想多个方案，只有设想很多方案，才可以在比较鉴别的基础上提出最优方案。

（六）压力原理

压力是驱散惰性，激发强烈的事业心，使求知欲和永不枯竭的探索精神增加，从而产生所需创造力的最有效的杠杆，人们的智力只有在各种客观要素结构的强大压力场内，才能真正释放出全部容量。

压力有求生存，扩大生存范围，改造自然的自然界压力；有社会体制、制度、政策、法律的社会压力。社会压力应建立在充分发挥人的智力的基础上，造成每个人都有压力感的环境，通过社会压力来提高专业水平和激发进取精神；经济压力表现为智力释放多少能量，能从经济上补偿多少能量，通过不断提高经济压力，不断进行反馈调节，才能激励人们去创新，去发明。工作过程也是实战智力的过程，只有在适当的工作压力下才能充分发挥自己的才能，在紧张而有节奏的满负荷工作压力场中，正常、优质、不断地发挥自己的智力。此外，还会产生对于自己所从事工作的强烈责任心的自我压力。

第三节　机械产品创新设计的常用方法

"我国制造业的工业增加值已经被纳入世界的前四位，成为了制造大国，但远远不是制造强国，我国的制造业与一些的发达国家还有一定的距离，其主要表现在产品的性能和品质上，更为关键的是缺乏自主的知识产权和创新产品。这就要求我们加快机械产品的现代设计理论与方法，走可持续发展的道路。"❶ 不断推出具有市场竞争力的新产品是提高企业竞争力的核心，而完成产品设计是其第一步。产品设计受时间、成本、质量、售后服务等诸多因素的制约，为此，采用了适合于本产品的创新设计方法是其成功的关键环节之一。

一、组合创新法

（一）功能组合法

功能组合指多种功能组合为一体的产品。例如，生产上用的组合机床、组合夹具、群钻等，生活上用的多功能空调、组合音响及组合家具。

功能组合法是最常用的创意方法，许多发明都是据此而来。

第一，海尔的氧吧空调在创意上就是普通空调与氧吧的组合，氧吧空调通过向室内补充氧气，解决人们在密闭房间因氧气浓度过低引起的疲劳、困倦、大脑供氧不足、皮肤缺氧老化等问题，创造了空调市场上差异化的竞争优势。

第二，数字办公系统集复印、打印、扫描以及网络功能于一体，既快速又经济。这种数字办公系统可以在一页上复印出 2 页或 4 页的原稿内容，可以每分钟打印 A4 幅面 16 页，可以直接扫描一个图像和文件，作为电子邮件的附件发送，还具有网络传真、传真待发等功能。人们渴望有一种完全不同于过去的全新的办公设备，能够解决现代个人桌面办公全部需求的多功能一体机正是在这样的大背景下应运而生。

---

❶ 韩键美，杨晓敏. 机械产品创新设计研究［J］. 科技风，2010（10）：185.

第三，给婴儿喂奶粉时，要保证奶水的温度在 40℃左右，但新手妈妈一般都比较缺乏经验，没有概念，很难准确的根据感觉判断奶水的温度，为解决这一问题，有人将温度计与婴儿奶瓶加以组合，生产出具有温度显示功能的婴儿奶瓶。

类似的应用还有添加治疗牙病药物的牙膏，添加维生素、微量元素和人体必需氨基酸的食品，加入了多种特殊添加剂的润滑油等。

（二）同类组合法

为了满足人们越来越高的要求，常常将同一种功能或结构在一种产品上重复组合，这就是同类组合法。同类组合创造的产品往往具有组合的对称性或一致性的趋向，如双向拉锁、双排订书机、多缸发动机、双头液化气灶、双层文具盒、三面电风扇、双头绣花针、3000 个易拉罐组合在一起的汽车、1000 只空玻璃瓶组合在一起的埃菲尔铁塔等。再如以下例子：

例如，婴儿车是宝宝最喜爱的散步交通工具，更是妈妈带宝宝上街购物时的必需品。常用的婴儿车只有一个座位，而双胞胎婴儿车是专门为双胞胎家庭设计的，可以同时乘坐两名婴儿，方便父母外出，双胞胎婴儿车又分左右并排式双胞胎婴儿车和前后并排式双胞胎婴儿车。

双人自行车的设计使两个人可以同时骑行，在具体结构上还分为双人前后骑自行车和双人左右骑自行车。

例如，智能手机的使用改变了我们的生活方式，但不同品牌的智能手机数据充电线不能完全互换给用户带来诸多不便，有公司就发明了一拖十 USB 的多功能充电数据线。

（三）异类组合法

异类组合法就是将两种或两种以上的不同事物进行组合，用图创新的技法。

异类组合法又称异物组合法，是指将两种或两种以上的不同种类的事物组合，产生新事物的技法。这种技法是将研究对象的各个部分、各个方面和各种要素联系起来加以考虑，从而在整体上把握事物的本质和规律，体现了综合就是创造的原理。

例如，沙发床平时放置客厅或书房，充当座椅的功能。客人来临的晚上，展开沙发床，铺上被褥就是一张睡床。沙发床的设计将座椅和睡床两种功能合二为一，节省了对室内空间的占用。

例如，电子黑板是一种代替传统黑板的高科技电子产品，集稳定可靠的红外线感应定位技术、液晶显示屏技术及计算机技术于一体，跟电子白板不同，它集成了投影机、电子白板、液晶电视、电脑等诸多办公设备功能，加上特殊的书写软件，使信息处理更为方便，演示更为生动，不需要复杂的安装调试，降低了系统成本。

异类组合是指把不同事物合而为一，甚至能把看起来风马牛不相及的东西组合在一起，并使组合体在功能或性能上发生变革。异类组合显然不是异类事物的机械地拼凑、简单相加，而应该获得 1 + 1 > 2 的新功效。组合的形式如下：

1. 结合

把服务于同样目标的几种有关事物集中或合并在一起而构成创造。如铅笔与橡皮结合，便组成使用方便的橡皮头铅笔；学生学习用台灯与表组合，组成方便的照明一计时两用灯；录像机与电视机组合成一体性的录像电视机不但节省占地，还可共用一些零部件；电灯与声控技术相结合，组成声控电灯；电话机和语音技术、录音技术相结合，就形成录音电话，都有新的功效。

2. 重组

把事物或事物组的僵化或不合理的排列结构重新调整而产生创新功效。服装设计在相当程度上就是各部位款式与面料、服饰、缝制工艺的重新组合，因而完全可以用计算机辅助开展快速重组选择；把同一间屋内的家具做一下合理化的调整重组，也会产生很大的新意或增加活动空间；将录音机的各个部件进行重组也能演变出新款式或新功效，这就像七巧板，重新组合可以构成多种新意。

3. 综合

综合即把结合、重组、选组及其他的演变方式综合起来，以求新的整体效应。例如美国在 20 世纪六七十年代组织实施的载人登月工程，或称"阿波罗计划"。阿波罗上天，在当时是个崭新的事物。但如果把组成"阿波罗计划"的各项技术加以解剖、分解，人们不难发现，其中并没有多少全新的东西。关键在于把各种技术巧妙地加以综合罢了。因而，组合法不应是简单的合并相加，而必须力求合理的组合匹配，才能取得充分的创新功效。

（四）材料组合法

材料组合法指将不同材料在特定的条件进行组合，有效地利用各种材料的特性，使组合后的材料具有更理想的性能。例如各种合金、合成纤维、导电塑料（在聚乙炔的材料中加碘）及塑钢型材等。

例如尽管石墨烯类材料具有优越的性能和广泛的应用，但在使用中仍然面临一些问题。石墨烯在使用的过程中容易发生团聚，这就会降低石墨烯的性能，使其作用大打折扣。将石墨烯和碳纳米管进行复合，制备出多维复合材料，石墨烯可以促进碳纳米管的电子传输，碳纳米管又可以防止石墨烯堆积及增加材料的比表面积，同时又弥补了石墨烯的缺陷所引起的导电性能的下降。多维复合材料不仅能够解决石墨烯的团聚问题，而且保持了石墨烯的优越性能，因此，多维碳纳米复合材料被广泛应用于光电器件、超级电容器及燃料电池等领域。

二、群体集智法

（一）头脑风暴法

头脑风暴法还可以称为是智力激励法或 BS 法，是指相关专业的工作者进行一场特殊的会议交流，是针对某个指定问题成员间进行沟通、分享、探讨、激励、相互促进、集思广益等形式，大量具有创新的新奇想法喷涌而出，这是首个被应用到实践当中的创新技法。

选取头脑风暴法一定要遵循下列原则：

第一，自由思考原则，即参与会议的成员自由发表观点及讨论问题，大胆进行设想与创新，不需要谨慎的约束自己的想法与说法。

第二，延迟评判原则，即参加会议的成员不应该急于评价他人的想法与观点，应该在会议结束后组织专业的团队进行思考与分析。在传统的会议上，人们经常急于批评并自认为是不合理、不可实施的观点想法，这种做法相当于是求同存异，严重地阻碍了具有更多创新性的想法和观点的提出。

第三，以量求质原则，即激励参与会议的成员集思广益的提出更多的新设想，再从这些新想法中筛选出合理的、有效的以及可实施的新观点。通常情况下，经过深度的研究与思考并经过层层筛选的设想才是最佳的。曾经，有人针对这种现象做了专门的实验，结果表明，提出很多设想的后半部分，其价值明显高于前半部分。所以，创新技法之一奥斯本智力激励法重视参与会议的成员，应该在有限的时间内提高思维的敏感性、严谨性以及趋同性等原则，保证提出的新设想是高质量的。

第四，结合改善原则，即成员们在会议中提出的新设想有效地结合起来，起到了互补的作用，每个成员提出自己的新设想期间内应该更多地思考怎样将两个或多个新设想有效地进行融合，进而产生一个高质量完美的设想。

事实上，头脑风暴法属于智力类的激励法。会议的特点是成员们能够自由地进行思考并发表自己的观点，许多不同的新设想在摩擦碰撞中会激发大脑中的创造性风暴。

（二）书面集智法

智力激励法被引进德国后，德国学者鲁尔巴赫发明了"默写式"头脑风暴法，其原理和智力激励法是一致的，两者存在的区别指：头脑风暴法采取填写卡片的方式进行，而智力激励法选取的是畅谈的方式进行。头脑风暴法要求参与会议的成员数量达到6人，并且每个成员在5分钟之内需要思考出3个设想；其次，会议成员要按照从左至右的顺序进行传递。再给予成员5分钟的时间思考3个设想，需要循环以上6次整个过程，整个过程所花费的时间是半个小时，一共能够提出108个设想，因此还可称之为"635"法。

尽管头脑风暴法不允许作出评判，成员们可以自由的进行思考并发表观点，然而却存在很多问题。例如：有些人不擅长言语表达，有些人的表达是唯唯诺诺，不愿面对众人发表自己的想法等多种因素，然而"635"法恰恰可以避免这些问题的出现。

三、仿生创新法

创新和仿生之间有着密切的联系，对于创新设计来说，是借助仿生原理来实现新装置、新材料的设计是非常重要的内容。仿生的前提是对自然界的生物有深入的研究和理解，而仿生的要求是能够清楚地认识自然生物具备的力学特性、运动特性以及结构特性等多种特征形式，并在此基础上实现对生物的模仿。以仿生作为手段和突破口，而进行的创新设计取得了非常丰硕的成果。本章先是对仿生学、仿生生物学进行简单的剖析和讲解，之后对仿生机构设计的相关内容进行论述。

（一）仿生学与仿生机械学

仿生学是对生物系统性质与结构的研究，并借助仿生学在工程设计中激发人们新的设计思想、形成新的工作原理、构建新的系统构成。仿生学是一门复杂的科学，它涉及系统科学、力学、数学、工程技术学、认知与脑科学、信息科学、物质科学、生命科学等诸多的学科领域，具有明显的学科交叉性。仿生学是对生物功能和结构功能的模仿。因此，需要把生物功能与结构的基本原理研究透彻，并将其应用到新设备的制造和设计当中。并借助仿生学，使人造的技术系统具备自然生物的系统特征。仿生机械学是仿生学和机械学两种学科结合、渗透、交叉后产生的，一类新的科学，机械学是仿生机械学的重要基础，通过对自然生物力学的特性、运动特性以及结构特性的研究和模仿，并且实现机械装置的类生物化。

1. 仿生学

对模型、模拟、类比等方法的广泛应用，是研究仿生学的重要特征。仿生学不是把自然生物的每一处细节都拷贝过来，而是在理解生物系统工作的原理基础上，实现特定功能的开发。仿生学的研究中有三个非常重要的模型，即生物模型、硬件模型和数学模型。生物模型是仿生学研究的基础；硬件模型是进行仿生学研究的目的；数学模型是在生物模型基础上实现硬件模型目标的重要媒介。

仿生学研究是包括机械、力学、分子、化学、信息和控制等多种内容的仿生。

（1）机械仿生。机械仿生是运用机械设计的方法，对自然生物在水里游泳、天空飞翔、墙面爬行、地下行进、和地面奔跑等动作的模仿，并通过机械仿生可以实现各种新运动装置的设计和研究。在本章中机械仿生是重点叙述的内容。

（2）力学仿生。力学仿生是对自然物体的静力学以及动力学性质的模仿。对自然物体静力学性质的模仿，例如通过模仿股骨的结构而设计的立柱、和模仿蛋壳而设计的大跨度薄壳建筑等事例。对于自然物体动力学性质模仿，例如有通过模仿海豚皮肤，而设计的沟槽结构的船舰外壳。

（3）分子仿生。分子仿生是对动物间的通信、细胞，以及感觉器官间的通信和生物体处理信息的过程、生物神经系统以及大脑的活动的模仿。分子仿生研究有助于小型高灵敏度气体分析仪、鸽眼雷达、电子蛙眼、人工智能机器人、人工神经网络与神经元的研发。例如，通过利用分子仿生来研究象鼻虫的视动反应，并开发出用于对飞机进行测定着陆速度的"自相关测速仪"。

（4）化学仿生。化学仿生是对自然生物、物体发光、发电、合成、光合等化学作用的模仿。例如，化学仿生是通过对生物体的生物大分子及其类似物、生物膜几种形式，并且通过对他们的透性、选择性、生物酶催化作用等方面的研究。研制出了一种诱杀田间雄蛾虫的特效杀虫药，只要千万分之一微克的量就能够起到非常好的诱杀效果。

（5）信息与控制仿生。信息和控制仿生是对生物肢体运动的导航、定向、控制以及体内稳态调控的模仿。例如，对海龟、鸟类等动物重力的导航、电磁导航、星象导航等能力的模仿；对蜜蜂具备的"罗盘"能力的模仿；对海豚和蝙蝠的超声波回声定位能力的模仿等。

2. 仿生机械学

机械仿生是仿生学发展的主要方向之一。随着机械仿生的发展，能够逐渐形成一个新的学科，仿生机械学。仿生机械学是仿生学的边缘学科，成型于20世纪60年代，其中涵盖电子技术、机械工程、医学、生物力学等多个学科领域。仿生机械学的研究方向是，借助模仿、研究生物的系统控制、运动机能以及信息处理过程。机械仿生学是将机械工程方法论实用化，仿生机械学的应用范围涉及工业、电子、国防、医学等诸多领域，且经济效益十分显著。

仿生机械指的是应用仿生机械学，并通过模仿生物的控制原理、结构以及生态等方面，而设计出来的机械。仿生机械往往具有一定的生物特征，并且具有效率高、功能集中的优势。目前，机器人、控制体、生物力学等领域对仿生机械学的应用较多，机器人设计中常常会把仿生机械学应用于计算机控制系统的搭建，以及机电假手等控制体中；通过仿生机械学构建自身的工程技术系统；仿生机械学在生物力学中研究的方向是生物的力学规律和力学现象，可细分为生物体流体力学、生物体机械力学以及生物体材料力学学科。

（二）仿生机械手

仿生机器人用手来执行相关的命令，所以也被称为仿生机械手。机械手不仅需要执行命令，还需要具备能够识别命令的特殊功能，这种功能被称为"触觉"。机械手上安装有触觉传感器，可以识别冷、热、硬、软等多种感觉，这些感觉信息再被反馈给计算机，也就是机器人的"大脑"，大脑根据信息对行为动作做出调整。

仿生机械手包括手指和手掌。有多种传感器被安装在机械手上，这样手指和手掌就有了全方位的触觉。如果安装了热敏元件，机械手还会感觉出冷和热。当与物体接触时，接触信号经过传感器发出，其余的时间则无信号发出。还有些非常精巧的电位器被安装在每个手指的连接轴上，这些电位器能够将手指的弯曲角度进行转换，成为"外形弯曲信息"。这些弯曲信息以及接触信息都会被传输至计算机内部，计算机接收到这些信息后就能在短暂的时间内判断出被机械手抓取过物体的大小和形状等特征。

1. 仿生机械手的机构组成

（1）仿生机械手所具有的自由度以及运动副。仿生机械手通常为开链式机构，包括若干个构件。会运用某种连接将各个构件连接在一起并产生相应的运动。运动副指的是存在于构件间的可动连接，而运动副的自由度指的是构件之间所产生的相对运动数量。

存在于三维空间中的自由构件所拥有的自由度输了有 6 个。由此得出，运动副所拥有的自由度数量为 $0 < f < 6$。运动副有两种分类方法：一类是根据运动副的自由度进行分类；另一类是根据运动副的约束数量进行分类，在对仿生机械的基本结构进行分析时，通常采用的是第二种。

仿生机械手需要借助驱动器来获得运动副当中的各种运动变量，无论是移动的驱动器还是转动的驱动器，其自由度是相同的，仿生机械手的运动副类型主要有两种：一是转动副；二是移动副，有些被动的运动副也可以使用球面副。

运动链是指运动副将若干个构件连接起来所组成的可动构件系统。这些构件组成的是封闭式的系统称为闭式运动链。组织运动链的构件未形成封闭式的系统称为开式运动链。对于运动链来说，若具有机架或固定件，那么这个运动链就能够成为一个机构。为了让机构的运动相对确定，则需要输入机构的构件或参数的数量与机构自由度的数量相等。如果不相等，机构所产生的几何运动将难以确定，有时将无法展开运动，甚至机构还有会遭受到破坏，机器人以及仿生手的机构采取的大多数是空间开式运动链。

（2）仿生机械手所拥有的机构自由度。每个自由构件在空间上通常都有 6 个自由度。如果机构拥有的运动构件数为 n 个，那么机构在未经过运动副进行连接时，自由度就有 $6n$ 个。而当机构经过运动副连接时，共同组成了机构后，运动副就会对构件运动形成约束，自由度的数值也会相应减少。运动副引入了多少约束，自由度就会减少多少数量，而运动副的种类决定着运动副的约束数。

在人体当中，自由度最多的开式运动链是人的上肢，它有着很强的适应能力。仿生机械手想要完全模仿人的上肢，那么其中一侧的上肢就需要有 32 块骨骼，肌肉驱动有 50 余条，腕、肘、肩三个关节所形成的空间自由度有 27 个，肘、肩关节形成的自由度有 4 个，这样才能够对手的位置加以确定；人腕关节的自由度有 3 个，这样手心的位置才可以被确定下来。当肘部、肩部以及腕部共同确定了手的姿态以及位置之后，要想让机械手做出更多复杂和精巧的动作，那么就要手掌和五根手指发挥自身的作用；构成人的手指共有 26 块骨骼，这些手指拥有的自由度有 20 个，所以手指才能做出各种精巧的动作，并且进行细致的操作。

2. 仿生机械手实例

与动物相比，人类不仅拥有理性思维能力，而且有语言表达能力，同时还拥有一双非常灵巧的手。所以科研人员也希望机器人能够同样拥有灵巧的双手。他们研制出来的机器人，已经有了灵巧的双手，其中包括手指、手腕、肘关节、肩关节等部件，这些部件能够灵活自如地进行摆动与伸缩，手腕还可以进行弯曲。经过传感器的作用还可以感知到所抓取物体的重量，人手的很多功能已经被赋予在了机械手当中。

北京航空航天大学机器人研究所，是专门从事机器人的研究。研究人员研制出非常灵活的机械手，这种机械手是由三个手指构成，手指由 3 个关节组成，每根手指的自由度为 9 个。手指的运动是由微电机来进行控制，有角度传感器被安装在手指的关节上，在手指顶端的位置还配备了三维力的传感器，并且有计算机对这些传感器进行实时的控制。机器人手臂的这些配备才能制作出这种灵巧的手，成为命令的执行工具，机器人作业的范围被明显扩大，所可以完成的操作也就更加复杂。比如进行装配，进行搬运等这些工作。

在实际使用过程中，大多数情况下并不会用到非常复杂的多关节的人工手指，则作为能够从各个角度触及物体的钳形指更加实用。

如果按照仿生学的原理来对生物体的运动机理和特性进行探讨，它们除了与生物体的特征和形状相关，而且还和骨骼肌肉系统以及神经系统有着密切的关联。人工肌肉制动器指的是能够获取肌肉以及骨骼方面的功能而研制出来的制动装置。目前，专业人士研制出的人工肌肉已经有多个种类，目的是对生物体的运动加以模仿并运用在机器人上。

人工肌肉主要包括两种类型：一是机械化学物质的高分子物质，经过电的刺激，它能够出现反复的伸缩状态，然后将化学能转变成为动能，并且形成各种机械动作。当形状记忆合金受到不同温度的刺激，就会像人体的肌肉一样产生伸缩，其刚度也可以通过合金丝当中的电流量进行调节；二是气动人工肌肉，这是现阶段被大量的开发和广泛运用的一种人工肌肉。日本于 1975 年研制出的一种人工肌肉，其寿命为 106 次，肌肉分为两层，外侧是网套，里层是橡胶管。运用金属夹箍对肌肉两端进行固定。并经过气路对空气的循环进行传导，让管内的压力出现变化，肌肉发生膨胀或收缩，因此收缩力也就由此产生。

（三）步行与仿生机构的设计

运动最主要的特征是生物，在运动的时候生命体征往往是最优的，在地球上车辆包含着将近一半地域的盲区，但是在这些地区行走的动物可以自由自在的行动。由此可知，拥有足的运动方式是能够更加的具有超越其他运动方式的优越性。

1. 有足动物运动的腿部结构

有足的运动比轮胎的运动机能性要更好，它有着分散的立足点，且能够较快的适应不平整的土地，在地面上可以迅速找到最合适的支撑点，有足运动对具有障碍性的土地，能够比较轻松的通过。比如沼泽、沟壑、台阶等不平整的电气，而轮胎的运动则不能做到这一点，有足运动可以对震感进行隔离，在不平的地面上，可以稳当的支撑身体，与其他运动相比有足运动，在整体的运动过程当中消耗的能量是比较少的并且速度也比较高。

要想对有足运动进行分析，需要对腿的运动以及腿的形态进行深入的研究。比如动物小腿和大腿在膝关节运动时会向后产生弯曲，而鸟类则是向前弯曲，这些弯曲的不同是由于各自生活环境的不同所造成的。在四肢动物运动时，动物前腿的运动是小腿向后的弯曲，后腿的运动是小腿向前弯曲。例如狗、牛、马、羊等动物的运动都是如此，他们在行走的时候，着地的脚一共有三只，如果进行快速的奔跑，则着地的脚一般有两只或者三只，它们经过了这些小幅度的交替运动来保持身体的平衡。

在腿部结构方面两足和四足的动物，采用的结构都是开链式的，这一结构往往是在多足动物的腿部运动时才会加以运用。有些步行机器人会对人类的动作进行模仿，他们的仿生形态是两足或者多足，在这些仿生形态当中，两足的运动性能最好，并且与人类最接近，所以它也被叫做拟人型的仿生机器人。这类机器人的外部特征是最接近于人类的形态，运动的功能也与人类十分相似，它们具有较高的灵活性，并且能够自主地运动。同时，还能与人类交流，在生活和工作当中，能够更好地与人类进行配合，这种类型的机器人比其他形式的机器人占有更多的优势地位。

（1）拟人形机器人的仿生机构。这类机器人是空间开链机构，在进行模仿人类运动时拥有更加复杂的结构，能够与人类的运动形态和运动方式更加相似，拟人形机器人的结构更加复杂，需要各个关节都进行配合，所以要更加缜密地分配关节的选择，两足行走结构具有最小的关节转动距离。所以由仿生学我们可以得知，人类腿部的关节需要两个自由转弯的关节，即髋部和踝部两个关节，有了这两个关节的构成，机器人才能够平稳地在地面上找到合适的支撑点，如果给髋部增加一个自由点，它的行走方向可能会改变。而踝关节如果多一个自由度的话，则可以进行不规则的站立，在上下台阶时也能够更加的灵活，若想要功能更加完善，需要在进行腿部设计时，可以设计增加到七个自由点。

拟人型的步行机器人在国内外都有所发展，并且在研究方面比较成熟，这些机器人的腿部选择的自由度是六个自由点，在髋部分配三个自由点，在踝部分配 1 个自由点，膝关节分配两个，踝关节相对自由点较少。所以要在行走转弯时，需要通过上半身的带动来进行转弯，这就需要事先对转弯的角度进行分析，还要计算一定量的步数。这种设计在踝关节制作时，复杂度可以相对降低，可更好地布置机构，使整体占有的面积缩小。在步行机器人下肢的设计当中，这也是机器人设计的一个矛盾点，它会对机器人的复杂程度以及灵活程度造成一定的影响。

（2）拟人型机器人的实例。模拟人行走的机器人比其他的机器人更具有自身的优势，并且灵活度也更高，也更加适合帮助人的生活，为人类进行服务。同时，对环境的改造也是有必要的，它的应用前景要比其他的机器人更加广阔。例如本田技术研究工业公司对样机阿西莫进行推出，并对这种样机进行改型，使得机器人的重量越发的偏轻。并且，在人类生活的空间中，是不会占有过多的空间，也和人类的步行方式更为接近。

样机阿西莫具有120厘米的身高，它的整体大小与网线机器人相比更加的小巧，并且在人群当中的行走也更加的便捷灵活，它不仅在身高上得到了改进，重量也减轻，而且还在使用材料上减轻了重量。因此，它可以随着时间的变化，对之后的动作进行预测，从而来实现步调的调整。传统的机器人对运动的控制是无法进行预测，所以不能够连续地进行转弯，需要在中途停止。样机阿西莫可以对重心的变化进行事先的预测，并且能够连续流畅的进行转弯，它可轻松地生成步行方式。所以在落地时可以事先确定的计算出陆地的位置，并且能够调整速度以及转弯的角度，它也可以对螃蟹行走的模式进行模仿，在上下楼梯过程当中，可以进行有节奏感的运动，同时也可以在机器当中增添配备语音和视觉等功能，让他们能够更好地为人类服务，并且被人类利用。

我国在制作仿生型的机器人投入了大量的工作量，我国的第一台仿人形机器人是由国防科技大学制作的，这台机器人的名字叫先行者。它突破了机器人的历史制作，它的身体结构如头颅、眼睛等部位都与人类相同，并且还具有语言的功能。

仿人形机器人集成了多门基础学科以及技术，是机器人行业的顶端。所以仿人型机器人的制作在行业当中也是一个热点，这种机器人的制作，不仅标志着一个国家具有高科技的技术水平，并且还能够将科研的成果应用到人类的生活中，具有广泛的用途。仿人形机器人可以在比较危险的环境中替代人类进行工作，并且可以作为医疗的动力，辅助瘫痪病人进行生活。

（3）足加轮式机器人的实例。足加轮式机器人是2017年被制作出来的，发布者是谷歌公司旗下的波士顿动力公司制作的，这款机器人被叫作Handle，她与赛格威的外形十分相似，又十分像阿特拉斯机器人，仿若是两种机器人的结合体。它是将腿和车轮进行结合的实验，并且使得整体能够保持长久的平衡，在重量分配上也能够得心应手。Handle发挥了最高强度的轮滑技术，它具有十分优秀的跳跃和缓冲功能，它可以在下楼梯的时候搬运东西，电池是机器人的动力来源，用的是电动机及液压泵，每一次充电之后的续航能力为24千米。

2. 多足步行仿生机器人

（1）多足步行仿生机器人的结构。这类仿生机器人足的数量有四足、六足或者八足。六足的仿生机器人比较常用，而四足的步行机器人运动速度比较慢，因为在运动时，它需要与四足动物一样，保证三只脚着地，所以它的重心往往在三只脚当中的三脚中，只有这样才能够使整个身体稳定。它多被应用在一些不会有过高要求速度的场合。比如海底行走的工作，多足的仿生机器人脚部的数量一般为四足以上，在系统设计当中，这种机器人是它的基础，我们在设计多足的步行机器人的时候，要保证的提前是观察生物的原型，并且对生物其中的细节和环节进行准确的测量。我们以昆虫为例，在制作机器人之前，需了解昆虫的组成部分、结构和关节的分散处，同时还需要对昆虫的行走或者站立时的身体形态，我们也要考察。

如果让我们对路形机器人进行评价，我们会以机械结构的整体复杂性以及控制的难易程度作为评价的角度，同时还要分析机器人的原型。比如昆虫、蚂蚁等等昆虫在站立时是会比较稳，所以在负载或者行走工作时常常会运用到这种类型的机器人，这种类型的机器人可以保证巨大的工作量以及稳定快速的行走，往往是将机器人的腿位置对称的分布。

三角步态是六足步行机器人最常用的一种步行方式，在这种步态当中，进行行走的时候，往往由昆虫一侧的前脚及后脚与另一侧的脚进行共同站立支撑，两边的脚互相交替摆动成为均匀对称的状态。但支撑的腿只有三条，每只抬起的腿都属于开链式的结构，如果行走条件正常的话，六足步行机器人在与地面进行接触的时候是不会打滑，接触的面积可简化成为一个点，在机构学上是等于含中心球面副的三自由度，如果算上踝关节、髋关节和膝关节以及每条腿的自由度运动副一共是有六个。

如果从机构学的角度分析。六足步行机器人的行走方式，是运用三分之和六分之并联的机构。除此之外，还有串联开链空间机构，它是属于一种复合型机构，会不断地变化。所以无论是在地面以及步态属于什么样的情况，都可摆正躯体和自己的姿态以及自己的位置。

（2）多足步行仿生机器人的实例。从 20 世纪 80 年代以来麻省理工学院，就开始研制一些对动物形态进行模仿的机器人。对于机器人各个国家都开始展开积极的研究，他们模仿的对象有很多种。比如蚂蚁、蟋蟀等等昆虫，仿生步行机器人应用的领域十分广泛，最重要的领域是在军事侦察领域。

新西兰坎特伯雷大学，在 2000 年研制出一个六足的步行机器人，名字叫作 hamlel。这个机器人的每条腿上分布有三个关节，在关节处，研究者们使用直流伺服发电机，并且使用联轴器和锥齿轮及电动机共同运用在第二和第三处关，运用时要平行于腿部轴线，三维力传感器会在每条腿上进行安装，可以实时地对躯体的形态进行转换，机器人可以在十分复杂的地形中自由地进行行走，适应能力十分强。

德国的信息研究中心在 2001 年研制出了八足的步行机器人，这个机器人的名字叫蝎子，他的行走速度非常地快而且还很稳。在行走时，能自在地对肢体形态进行改变，并且可以随意的改变速度，在不规则的岩石地面以及沙地等复杂的地形上都能够自由地行走。

我国北京理工大学的仿生机器人小组，针对昆虫的观察，研制出了一种六足仿生步行机器人，这种机器人具有较小的尺寸，并且在运动时是十分的灵活，这种机器人的运动速度是非常地快，每秒可以达到 0.2 米，最高为每秒 0.3 米，可以对 45°的斜坡进行攀爬，运行的时间高达两小时，它可以进行多种种类的动作作业，其中包含转向、前进及停止等。

如果不算腿部结构的设计，在设计多足步行机器人时，我们也需要高度重视步态相位，它就如图动物运动时先迈哪只脚后迈哪只脚，同时也要清晰运动的幅度和次序，并且重心也要准确的测量，所以一定要进行仔细的仿生设计和观察。

（四）爬行与仿生机构的设计

仿生爬行机器人和轮式驱动机器人有着本质的不同之处，它是利用和爬行生物行动的行为类似的机构来完成运动的。爬行运动的机器人相比传统机器人具有更好的接触面、吸附能力和翻越障碍的能力，可以广泛地运用在军事侦察中，同时在日常高空外墙作业的工作也可以用它来实现。爬行机器人的结构、驱动力、控制设备等都具有特殊性，因而导致在实际生产出来的机器人经常会和预期的设计有所偏差。

1. 仿生爬行机器人机构组成

爬行机构机器人具有自由性、多关节协助运动的特性。关节的自由度导致了动力学的模型要比传统的复杂，给爬行运动造成了障碍。因此，爬行仿生机构还未能运用到工程中。在自然界的进化和适者生存的竞争中，壁虎、蛇等爬行动物都在进化，它们能够在光滑的表面进行爬行，仿生爬行机器人在未来很有发展潜力。

我们可以将爬行机器人划分为爬壁机器人和蛇形机器人两种类型。

（1）爬壁机器人。对墙壁进行吸附并在上面进行移动，是爬壁机器人的两个基础功能。它是通过真空吸附、推力吸附和磁吸附三种形式来完成吸附功能。并通过履带式、轮式和足式来进行移动。吸附和移动都有自身的优势和劣势，所以，爬壁机器人要根据实际的需求进行设计。

第一，足和掌的机构。足和掌的机构这是为保障仿生爬行机器人能够具有爬行动物的运动特征而设置的结构，并且有特殊的需求。具体包括：①足部机构具有一定的承受能力和刚性；②保障足部机构的工作空间；③方便对足部机构的支撑向直线位移及逆行控制。

当腿、足机构和吸掌部分建立连接以后，掌的机构需要具备的特点包括：①为了保障机器人在墙壁行走时能够控制方向，需要将掌的姿态设置为可调控的设备；②调节掌的机构相关设备需要安装在机器人身上；③在曲面处的爬壁机器人在移动过程中掌和足的支撑设备，是不会对它的移动产生阻碍。

第二，吸附机构。吸附机构是由5个吸盘和5个真空发生器构成的结构，吸盘又由吸盘支架进行固定，通过连杆和弹簧的作用来连接吸盘、支撑板和柔性驱动器，吸盘上端的进气口和真空发生器的出气口是相通的。在机器人的运动过程中，Ⅰ组吸盘是完全吸附在地面，和它匹配的电磁阀就会被开启，相应的真空发生器也会吸干空气并营造真空的环境，吸盘就这样吸附在表面上。相反，当Ⅰ组吸盘要离开地面时，与之匹配的电磁阀就会被关闭，吸盘失去了吸附的能力，吸盘就会脱离表面。

在任何时刻，都需要设计至少有 3 个吸盘同时吸附在工作表面，否则将会导致吸盘的吸附力不够，机器人就会发生倾倒或无法滑行的失误。

当机器人进行坡面爬行或者是沿着墙壁往上爬行时，所有吸附在工作表面上的吸盘就会构成一个柔性的悬臂梁，在重力的作用下，它是往下倾斜的，当吸盘在吸附的时候，这个柔性悬臂梁是无法处于平行状态的，为了保证吸盘能够稳定地保持吸附状态，并且能够保持垂直状态，就需要安装一个吸盘导向装置的设备。框架的两侧有纵向的导向支撑板，也称导轨，三导轮安装在链条连接板的两个边缘，吸盘组成的导轮依次从导向支撑板进入到链条，接着再到直线轴承，在这些结构的作用下，吸盘连杆能够维持机器人在爬行时的姿态。为了防止吸盘在切入下方前轮时产生意外，就需要对吸盘装置进行提升。在吸盘处于吸附状态的时候，吸盘支撑板上的滚轮就会开始滑动，并且提升到轨道上，当轨道把吸盘支撑板和吸盘的链条连接都抬高了一段距离后，到达吸附位置的时候，再利用弹簧将吸盘弹回，使得吸盘回到之前吸附的状态。

（2）蛇形机器人。当代的机器人研究已经从原先结构环境向非结构环境的发展，并从原来的定向作业发展作为自主作业的方式。机器人将会用来替换到高危行业、环境恶劣领域、人类无法胜任的高难度工作中。在机器人研制过程中，学者不断从汽车制造领域，或是从生物领域展开研究工作，力求能够发明仿生机器人。蛇形机器人就是这种仿生机器人中的一种。蛇具有的特殊性质和特别的运动形式都给蛇形机器人带来了很多的灵感，研制出来的蛇形机器人不但可以在不同的环境和地形中运动，还可以维持自身的平衡，这个结构特点引起了国内外众多研究人员的参与。

蛇形机器人是属于新型仿生机器人的一种类型，它实现了像蛇一样的"无肢运动"，这也是它与传统轮式或两足步行式机器人的最大差别。这是机器人领域中的一项重大突破，蛇形机器人也被国际机器人组织称为"最富于现实感的机器人"。

蛇形机器人的结构具有合理性、操作性及灵活性，而在性能方面具有可靠性、还具有扩展性等优势，具有很大的运用潜力。例如，它可以在具有高辐射、有毒气体的环境中进行侦察工作；抗震救灾、火灾等环境中帮助人们找到伤员；在狭小的空间中进行探测，如疏通管道的工作等。

伦敦大学研制出了一款军用的蛇形机器人。传统机器人的主要运动方式有履带式、轮式和足式，而蛇形机器人是依靠自身的结构来进行运动。蛇形机器人和真实的蛇具有很强的相似性，都是只有一条"脊椎骨"，都是由多个模块化的"脊椎单元"组合而成。每个"脊椎单元"都有 5 个镍钛合金金属丝组成。这是一种"形状记忆"功能的物质，在电流经过的时候会产生收缩，因而带动蛇形机器人的运动。这种运动是通过蛇形机器人内部程序的控制来实现，通过这种操作，能够完成蛇形机器人向目的地和设定的目标前进。

中国蛇形机器人的研究速度迅猛。在上海交通大学、哈尔滨工业大学都有专门的研究场所，对蛇形机器人的仿生结构进行专项的研究。国防科学技术大学在 2001 年成功的制造出第一台蛇形机器人，它总长 1.2 米，直径 0.6 米，重 1.8 千克，和真实的蛇是一样具有弯曲的身形，能够在地上和草丛中爬行运动，并且能够实现往前、往后的运动，还能够进行加速和拐弯操作，最高速度可以达到 20m/min。蛇形机器人的控制中心在蛇的头部，里面有视频监视器，能够实时地将运动过程中捕捉到的画面传输给后台的电脑中，科研人员根据传回的图像和视频可以了解它的运动动向，并下达下一步操作的指令。若这条机器蛇去掉表面的装饰，看起来就像是一条在水中游水的蛇。

在中国科学院沈阳自动化研究所的重点实验室中研究者对蛇形机器人展开了研究，并探索出了新型蛇形机器人的概念和模型，它可在平面和立体空间中进行运动，能够适应多种不同的环境。已通过了深入的理论研究，即将进入实践阶段。沈阳航天航空大学等其他的单位和机构也陆续开展了对蛇形机器人的研究工作。

2. 仿生爬行机器人实例

下面对 Strider 牌子的爬壁机器人进行分析，它包括 4 个自由度，身体构造包括两只脚、两条腿、腰部和 4 个关节，关节是可以转动，其中 J3 和 J4 两个关节的位置是平行的，这样就可以实现一抬腿就能跨步，具备了直线行走和交替跨越的能力。

Strider 的两条腿上都安有一个电动机，设有微型电磁铁能够很好地控制两个关节的运动。两个电动机分别控制两个关节足的转动，电磁铁则是控制关节运动的切换。依靠锥齿轮的转动，Strider 左腿上的电动机可以很好地控制腿周围 J1 或 J2 关节的转动，使其抬起左脚或者进行平面旋转；是依靠锥齿轮的传动，Strider 右腿上的电动机可以很好的控制腿周围 J3 或 J4 关节的旋转，使其可以抬起右脚或跨步。比如，左脚是借助电磁铁分离或吸引摩擦片，使得摩擦片和抬脚制动板或腿一侧的板紧密的结合，来控制锥齿轮辅助抬脚或使其停止，使左腿可以自如的进行两种运动。只有在抬脚时锥齿轮在转动时才能够驱动关节 J2 的旋转，否则只能驱动关节 J1 旋转。这种机器人有着对称的左右脚和类似的运动方法，唯一的不同点是左脚的关节是靠锥齿轮的驱动来运动，而右脚的 J3 和 J4 是需要带轮驱动的辅助。

Stridei 机器人两足的构造包括吸盘、气路、电磁阀、压力传感器及微型真空泵。微型真空泵的作用是为吸盘的吸附提供足够的吸力，压力传感器是为了确保 Strider 爬壁机器人能够吸附在墙壁上，而安装的压力检测装置。电磁阀是为自由吸附和释放空气而设置的，是负责控制切换气路，是为控制或调整足部吸盘与壁面平行，每个吸盘的表面上都装有接触传感器，它们的方向与移动方向是相同的。

（五）飞行与仿生机构的设计

从古至今，人们从未放弃在天空飞翔的梦想。飞机的发明源于人类对鸟的身体构造和飞行原理的研究。与鸟相比，昆虫的机动性和灵活性更强。深入的研究昆虫的身体构造和飞行机理，有利于研制出新的飞行器，因此称为仿生飞行机器人，它飞行的机动性和灵活性更大。仿生飞行机器人的尺寸一般较小，易于携带，有着很大的灵活性和隐蔽性。近年来，随着昆虫在空气动力学以及电子机械技术中的研究迅速发展，各国加大了对仿生飞行机器人的研究，且还根据苍蝇和蚊子的飞行原理已仿制出微型机器人，仿生飞行机器人的研究是十分的火热，是领先其他所有机器人的研究。

1. 飞行仿生机器人的翅膀

昆虫是最早学会飞行的动物。由于昆虫拥有不同的翅膀和翅膀复杂的扑动模式，因此昆虫具有多样的飞行能力和飞行技巧。昆虫能够灵活的改变飞行方向和控制飞行高度的能力。它们可以直接垂直起飞、着陆、空中停留及后退飞行等特殊的飞行形式，甚至可以在飞行的途中上下翻滚，来节省体力。

（1）扑翼结构分析。微型飞行器的设计灵感来自飞行昆虫的特殊身体构造，包括外部骨骼、弹性关节、变形胸腔和伸缩肌肉等特征。

昆虫胸腔的变形是依赖于肌肉的收缩和延伸，翅膀的上下扑动正好源于胸腔内不停的运动，尤其是具有弹性的胸腔，并发生变形来减少飞行的阻力，带动翅膀的高速扑动。一般来讲，昆是虫通过产生于神经末梢的脉冲信号来控制昆虫翅膀的扑动，但对于如苍蝇、蚊子等一些小型的昆虫，它们的扑翼频率主要取决于肌肉、弹性关节和胸腔等的自然频率，所以，它们有着很快的扑翼频率，远远地超过了脉冲信号的频率。

设计十分微小的微扑翼飞行器时可借助静电驱动、压电驱动和电磁驱动等方法来设置扑翼机构。一般情况下，在宏观的机电系统中最为常用的是电磁马达驱动的电磁能量转换为机械能量。相比电磁能量，静电型换能机构的能量转换的密度较低，应用性不强。但是，静电换能的尺寸越来越小，有着自己的优势，例如操作简单、功耗小、易集成化等优势。静电致动器的研究在半导体的微细加工技术发展的基础上在不断地成熟，尤其随着牺牲层刻蚀技术的发展，静电致动日益占据了微型致动器研究的核心位置。

（2）结构设计原理。微扑翼的驱动机构应该根据昆虫的胸腔式结构进行设计，并且采用静电致动。系统主体在上下各有一块极板，彼此平行，一块极板的位置固定位于基体上，另一块极板的作用是连接两边的连杆，是能够移动，以带动驱动两翼的扑动。驱动机构不包含轴承和转轴等类似的部件，各支点之间可以通过柔性铰链进行连接，柔性铰链可用于沉积、涂布等方法对聚酰亚胺树脂加工制成。因它的弹性很小，在精心的设计后，柔性铰链运动的阻力可以减少至最低，最后在上下极板间导入交变电压，在电流的作用下实现机翼上下的扑动。若设置激励电压的频率与驱动机构的自然频率相同，则扑翼频率也会增大。如果在极板两边施加不同值的电压，那么机翼两边的扑动频率也会不同，由此机翼两边所产生不同的升力及推力，将导致整个飞行器发生转向。

2. 飞行仿生机器人实例

飞行仿生机器人的飞行性能和物理特性是：雷诺数❶的值非常小，体积与表面积的比值也会变小，并且对飞行仿生机器人的质量有着非常严格的要求。它与飞机截然不同，但是和自然界的蜜蜂、蜂鸟及蝴蝶等昆虫在飞行力学、结构特点、负载特

---

❶ 雷诺数：一种可用来表征流体流动情况的无量纲数。雷诺数越小意味着粘性力影响越显著，越大意味着惯性影响越显著。

性、能量供给以及灵敏性等方面有着相似之处。

加利福尼亚技术研究所与美国加州大学洛杉矶分校以及与其他一些院校的合作，对拍翅微飞行器（MAV）展开了研究。这个系统的重量仅只有 6.5g，却包含了电动机、传动系统、动力源、MEMS 翅膀、碳纤维机身和尾部稳定器等部分，并且在其头部还装有可视成像仪，机器人还可以识别声音的方向，这一功能的通过实现了为麦克风阵列，但是这一系统是无通信系统。在高质量的、体积为 30cm×30cm×60cm 和风速为 1~10mA 的风洞中进行飞行实验时，电容为动力源的拍翅微飞行器，拍打频率为 32Hz，最快速度可达 250m/min，可自由飞行 9s，电容电量只能够维持不到 1 分钟的时间。如果更换电池，采用 Nicd N-50 电池来供电，同时增加了 DC—DC 转换器的拍翅微飞行器，在通过试验得知，自由飞行的时间可以延续到 18s。

日本东京大学是较早的涉及这一领域，他们主要研究昆虫的飞行机理和微飞行机器人。通过计算流体和实验流体，且经过理论与实际结合对翅膀的运动机理进行研究，以建立了初步的认识。他们利用常见的蚊子，对各种不同昆虫的翅膀结构的微飞行装置进行研究，最终研制出了微拍翅机构。他们通过给极板与基底之间通电并产生电压，使得极板朝着基底的方向移动，多晶硅翅膀受到力的弯曲，电压就会不断地变化，当其运动频率与机械振动频率相同时，就会产生共振现象，这时振幅会大大增加。

如何设计并制造出高效的仿昆虫翅，这种翅膀要具有非常稳定的空气动力学特征，这对于研究团队来讲，需要攻克的一个难题。因为，它要求翅膀首先要轻，同时又要非常坚固，这样在快速的振动下才不容易损坏，并且仿昆虫翅在上升和前进时能够提供足够的动力。其研究的内容主要包括：翅膀的结构设计、外形设计、传动机构设计、材料的选用及生产工艺等。

第四节　正逆向软件的产品创新设计

数字化浪潮推动社会飞速发展，世界范围内的竞争将日趋激烈，尤其是工业领域的竞争更加白热化，企业必须充分吸收和利用现代高新技术成果以增强它们的竞争能力，产品创新设计是工业企业，尤其是制造业必须迈过的第一道门槛。竞争的特征也发生了变化，当今社会正处于由工业经济时代迈向知识经济时代的进程当中，在知识经济时代，决定制造业竞争力的关键是新产品的快速开发能力，企业新产品开发能力决定其市场竞争能力。

一、基于 BIM 的正向设计

近年来，我国在政策方面大力推进各行业信息化进程和 BIM 技术发展与应用，以此推动建筑行业的技术进步。由于设计工作在建筑工程全产业链中处于极其重要的地位，是整个工程最主要和最初的信息源头，在设计环节采用 BIM 技术特别是采用 BIM 正向设计，是激活整个 BIM 技术在工程全寿命周期应用的关键一步。

（一）正向设计的含义

根据我国《建筑信息模型应用统一标准》（GB/T 51212—2016）中的定义，BIM 是指在建设工程及设施全生命期内，对其物理及功能特性进行数字化表达，并依此设计、施工、运营的过程和结果的总称。BIM 模型应用应能实现建设工程各相关方的协同工作、信息共享，宜贯穿建设工程全生命期，也可根据工程实际情况在某一阶段或环节内应用。建筑信息模型中可独立支持特定任务或应用功能的模型子集，简称子模型。

结合上述定义及 BIM 英文含义 Building Information Modeling，BIM 的核心是建立建筑工程 3D 模型，并能够将设计、施工和运营过程中产生的信息进行共享和传递。相比于以 CAD 软件为核心的二维制图模式，BIM 技术具有可视化、参数化、协调性、模拟性及可出图性五大特点。

目前，建筑工程正向设计仍处于摸索和发展阶段，正向设计也尚未有统一的定义。根据相关研究，正向设计相较于"BIM 逆向设计"而提出。伴随着 BIM 技术的发展，项目施工图设计阶段，设计人员进行二维 CAD 出图之后，将设计图交由 BIM 小组建模人员进行二维施工图到三维 BIM 模型的转换，这个过程称为"BIM 逆向设计"，借助三维模型对出现的设计错误进行修正，并根据使用目的添加需要的技术信息，从而完成施工图设计，属于"3D－2D－3D"的设计过程。在逆向设计中，BIM 模型普遍被用作 2D 施工图的补充扩展并对其进行校核碰撞。由于该 BIM 模型由 BIM

小组建模人员单独构建，图模并不能完全一致，BIM 模型通常不能作为交付物传递到下一个工作流程之中，继续深化和信息传递的价值是并不存在的。

BIM 正向设计所要完成的目标是设计师在所有设计工作中全部应用三维信息模型，使设计师能全身心专注于设计之中，而非专注于图纸的绘制与修改。在正向设计中，设计师进行模块化参数化设计，基于 BIM 技术可视化和模拟性的特点进行方案优化，实现自动出图、图形与模型相互关联，甚至可以直接与计算模型结合，同步优化，从而实现"3D-3D-3D"的设计过程，彻底摒弃传统"3D-2D-3D"的低效率流程。

（二）正向设计与逆向设计的对比分析

在"BIM 逆向设计"中，通常将 BIM 工作视为辅助工作开展，先有设计施工图后进行 BIM 翻模、展示。BIM 模型只负责在翻模过程中检查前期设计问题，与设计人员反馈设计问题。翻模后的 BIM 模型不用于出图，通常仅用作方案展示。这种工作模式仅将 BIM 建模视作辅助工作，不仅未能充分发挥 BIM 自身特点及优势，而且同一设计对象，除了需进行计算模型搭建外，还需进行 BIM 建模，无法做到一模多用，设计过程的重复建模造成了人力及资源的严重浪费。

相较于逆向设计，BIM 正向设计具有以下优势：

第一，设计高效性。设计意图或者设计理念直接应用于 BIM 模型。设计过程中，模型共享，后续阶段不再重复建模。通过对 BIM 模型进行剖切，进行一定的视图设置及图纸注释，可以得到实时更新且可更改的图纸。并且由于图模一致，减少了因图纸修改而导致的错漏问题。

第二，信息集成性。BIM 正向设计将所有设计信息及设计元素，集成于一个统一的 BIM 模型内，BIM 模型信息的价值量大于图形的价值量。BIM 模型数据应用于项目各个阶段，同时得到数据反馈，进一步丰富及优化 BIM 模型。

第三，信息可拓性。BIM 模型本身承载大量的设计信息，BIM 正向设计使 BIM 模型充分应用到建设后期成为可能。通过将模型在不同专业间进行共享，辅以二次开发并配合使用相关专业软件等方式，不但能让 BIM 模型在不同专业间直接调用和更新，而且使 BIM 模型能够用于性能分析、结构计算以及后期运行维护，使其信息不断拓展。

（三）基于 BIM 的正向设计的内容

BIM 正向设计要求整个设计阶段均在三维模式之下进行，BIM 技术所建立的三维模型是以建筑工程各专业有关的数据信息为基础整合而成。在模型中，细化到每扇门、每根柱子、每个水龙头都可以有属于它自己的专有信息，再通过数字信息仿真技术，将建筑所有的真实信息进行完全模拟，构建最终的 BIM 三维信息模型，形成 BIM 正向设计的最终成果。然而在设计阶段，涉及的专业众多，如方案、建筑、结构、机电、暖通、给排水等专业，如何协同这些专业的工程师都在三维模式下进行项目的设计工作，就是 BIM 正向设计的首先要解决的问题。

在 Revit 系列软件中，专业间与专业内部的协同工作一般采用"模型链接"与"工作共享"两种方式来完成。通常情况下，链接方式多用于专业间的协同设计，专业内的协同常采用工作集的形式。实施模型数据的相互链接与共享前，应为项目确立统一的基点、测量点、轴网和标高系统，并且由项目负责人创建各专业的中心参照文件，再交由各设计人员创建本地文件。

基于上述协同工作方法的比较以及考虑到实际设计工作往往由多个专业设计师分别完成，使用的软件或模板侧重以"模型链接"的协同工作方法开展一体化设计介绍。

根据设计院实际做法以及我国现行的图纸管理办法规定，BIM 正向设计流程大概分为五个部分，包括概念与方案设计、初步设计、施工图设计、管线综合设计以及成果输出。其中施工图协同设计是 BIM 正向设计的主要内容。在 BIM 正向设计流程中的施工图设计阶段，设计师根据已批准的初步设计或方案，通过详细的计算和设计，分建筑、结构、暖通、给排水、电气等专业编制出完整的可供施工和安装的设计文件，包含完整反映建筑物整体及各细部构造的结构图样。在设计过程中，各专业设计师因条件限制而未能进行良好沟通，设计成果容易产生专业模型碰撞的问题。例如暖通专业的风管占用空间较大，很容易及水电专业管线发生碰撞，如果在施工的过程中才发现这类问题，有可能需要付出很大的代价来补救。利用 BIM 技术的协调性特点，可以同步进行单一专业内或各专业间的配合设计，即为施工图协同设计。借助配套的 BIM 软件，实现不同层次、不同阶段专业内部及专业间的三维协同设计。

多专业协同工作借助完善的 BIM 软件体系，可以将 BIM 模型的价值发挥到最大。在 BIM 体系软件中，包括日照、能耗、疏散、消防、结构计算、水力计算、冷热负荷、电气配电等工作内容，均可以通过 BIM 模型进行交互。例如日照分析，创建的模型可以直接用于日照分析，日照分析软件能够完全读取模型的图形和信息，区分墙体、屋顶、门窗、洞口等，从而快速地分析建筑整体日照以及房间日照情况。根据分析情况进行修改，修改后可快速用于后续多次的分析。

管线综合设计是在协同设计模型同步完成的基础上进行，主要任务分成碰撞检查调整与管线深化设计两部分。碰撞检查调整是指将同一工程不同专业的模型整合于一个带有各专业相关设计参数的设计模型下，采用 Revit 本身的碰撞检测功能或开发的管线综合设计软件进行碰撞检查，通过软件自动检查，如管道碰撞等类似的冲突问题，反馈产生碰撞的构件及位置，以便设计师能根据碰撞结果进行设计调整。

管线深化设计是结合 BIM 的可视化、模拟性的特点，基于碰撞检查的结果，综合考虑管线排布问题以及各专业的相互影响、施工的可行性、经济性等多个方面，对原有管线设计进行深化设计，进而提升设计的质量和后期施工的可行性。

二、逆向工程及创新设计实现

逆向工程技术是制造业实现产品快速设计创新的重要途径，对于提高产品的竞争力和满足个性化的需要有着重要的意义。

（一）逆向工程概念及特点

在缺乏设计图样和 CAD 模型，或设计图样不完备的前提下，充分发挥三维坐标测量仪的作用来测量产品实物原型（模型），从而以测量所得的三维离散数据为初始素材，并在专业 CAD 系统、曲面处理软件的作用之下，来实现实物 CAD 模型的构造，同时借助输出的 NC 加工指令、CNC 或 STL 文件的驱动作用，来实现产品或原型的快速成型，便是逆向工程，也被称为反求工程。

逆向设计是集计算机辅助设计、快速成型、三维测量等高新技术为一体的新型产品开发理念，而以逆向设计为指导的逆向工程与单纯的拷贝存在本质区别，那就是它可以基于原件来重新顺向设计原件的技术架构，从而实现产品的创新设计。传统的产品设计是一个从无到有的过程，期间的环节主要涉及效果图、造型设计和产品设计等，而逆向工程的出发点就是产品原型，所得到的结果就是产品的三维数字模型，在推理和逼近的过程中，CAD/ACE/CAM 及 CIMS 等先进技术的处理功能得到了充分发挥。

基于逆向工程技术来开展的产品开发，过程具有高效性、经济性和简洁性优势，而上述优势也决定了逆向工程技术在产品全生命周期管理（PLM）领域中国的重要地位，以及逆向工程技术应用范围向医学工程、艺术品、电子电器、消费品、玩具、汽车及模具等领域的延伸。也因此，对逆向工程位置的重点规划以及对多种逆向工程软件的开发也成为了世界各大软件厂商所提出 PLM 解决方案的重点内容。

当前，产品复制与仿制依然是逆向工程的主要应用形式，这种最低层次的产品开发模式同样在我国沿海地区的众多行业和企业中得到了广泛普及。然而，仅仅是对国外产品的单纯复制和仿制，并不能实现企业品牌的打造目标，更加无法让企业拥有自己的知识产权，这一点也得到了多数企业的共同认可。为此，就需要对建立在逆向工程基础之上的产品创新设计过程进行推广，也就是借助逆向工程手段的使用来建立产品数字化模型，并以此为前提，结合先进的 CAD/CAE 设计分析工具，完成产品再设计、优化、创新，进而建立本质区别于已经有实物模型，或者是部分区别于已有实物模型的目标，从而达成创新设计的最终结果。

产品再设计和创新设计的实现，应当以模型的便于编辑修改为前提，但是，先拟合曲面片，而后在对曲面模型和实体模型进行重建始终是传统逆向工程软件的主要工作流程。尽管，在对原型进行复原方面，此种建模方式的效果十分明显，但同时也加大了用户的编辑、修改和再设计难度，这也充分表明传统逆向工程软件与产品创新设计需求之间的根本性矛盾与冲突。

（二）面向创新设计的逆向工程系统的基本目标

1. 缩短新产品开发周期，提高企业市场竞争能力

逆向工程的研究对象为先进产品或技术，新产品的设计通常要建立在抽取已有产品或设计方案的基础之上，因此，具有较高的起点和较快的速度，同时也实现了新产品开发周期的进一步缩短、研制费用的进一步节约及新产品被市场接受速度的

进一步加快，这样一来，也使得企业产品开发和生产发展需要得到了最大化满足，并辐射到了企业产品开发能力和市场竞争能力的有效提高。

2. 以信息集成为本质，提高产品开发过程中的决策和控制能力

作为先进计算机辅助技术（如 RPM、VM、CAM、CAE、CAD、CAT 等）综合应用的成果，逆向工程在计算机辅助集成制造系统 CIMS 工程设计及制造子系统中始终"扮演"着重要"角色"。而除了需要充分发挥计算机辅助技术各个子模块各项功能外，各模块以信息集成为本质的技术集成和人机集成的程度也直接决定了逆向工程能否取得成功。通过从原型或零件返回 CAD 几何模型的回路的建立，逆向工程还建立起了实体及其几何形状描述之间的联系；在虚拟环境下，可以用用户的实际产品要求为出发点，来仿真产品的生产与制造过程、结构性能、加工与装配等生产环节，同时，还使得产品设计的修改和优化有了产品评价体系所提供方法、规范和指标的指导，这样一来，就完成了设计闭环系统的设计。由于能够及时发现潜在风险，并在产品开发的初期有效解决相关问题，同时，还可以以实现产品整个生命周期的最优化目标为方向来比较和选择多种方案，因此可以说，逆向工程技术为企业产品开发过程中的决策和控制能力提高提供重要保障。

3. 提高产品自主设计能力，促进技术创新和培养创新设计人才

人们对新事物的学习、创造和发明是新事物出现的基本前提，而若想同时实现学习目标、对新技术的掌握以及差距的进一步缩小，就必须经过反求的过程。另外，反求任务的完成以及之后再创造结果的实现，需要以对更多知识和经验的学习和掌握为前提，只有这样，才能激发人们探讨"做法原因"的热情，才能使"做法的具体方法"得到进一步深化。尤其是针对我国当前社会发展的关键阶段，更应当强调对艺术与技术的掌握，就当前的现实来看，反求工作在很多中外合资和技术引进后的国产化工作中普遍存在。创新是国产化的主要出路，再创造集中体现了反求的本质，若想使这些工作真正取得实效，就必须配备相应的专业技术人才。总之，逆向工程研究和应用工作的科学开展，能够极大促进设计人员眼界的开阔、新人的尽快培养，更能带动设计人员的设计思想的深刻变革、技术技能的革新，对于实现产品自主设计能力的提高，同时从经验层面支持创新设计的理论探讨和技术实践具有重要意义。

第三章　机械设计制造技术的可靠性研究

第一节　机械可靠性设计的概述

一、可靠性的定义

按照国家标准规定，对于不可修系统的可靠性的基本定义是：产品在规定的条件下和规定的时间区间内，完成规定功能的能力。

理解这一定义应注意下列要点：

第一，"产品"指作为单独研究和分别试验对象的任何元件、零件、部件、设备、机组等，甚至还可以把人的因素也包括在内，在具体使用"产品"一词时，必须明确其确切含义。

第二，"规定的条件"一般指的是使用条件、维护条件、环境条件、操作技术，如载荷、温度、压力、湿度、振动、噪声、磨损、腐蚀等。这些条件必须在使用说明书中加以规定，这是判断发生故障时有关责任方的关键。

第三，"规定的时间区间"，可靠度随时间的延长而降低，产品只能在一定的时间区间内才能达到目标可靠度。因此，对时间的规定一定要明确。需要指出的是这里所说的时间，不仅仅指的是日历时间，根据产品的不同，还可能是和时间成比例的次数、距离等，如应力循环次数、汽车的行驶里程等。

第四，"规定的功能"，先得明确具体产品的功能是什么，怎样才算是完成规定的功能。产品丧失规定的功能称为失效，对可修复产品也称为故障。怎样才算是失效或故障，有时是很容易判定的，但更多的情况是很难判定的。例如，对于某个齿轮，轮齿的折断显然就是失效，但是当齿面发生了某种程度的磨损时，对某些精密或重要的机械来说该齿轮就是失效，而对某些机械并不影响正常运转，因此就不能算失效。对一些大型设备来说更是如此。因此，必须明确地规定产品的功能。

第五，"能力"只是定性的分析是不够的，应该加以定量的描述。产品的失效或故障具有偶然性，一个确定的产品在某段时间的工作情况并不能很好地反映该种产品可靠性的高低，应该观察大量该种产品的运转情况并进行合理的处理后才能正确反映该种产品的可靠性。因此，这里所说的能力具有统计学的意义，需要概率论及数理统计的方法来处理。

二、机械可靠性设计的基本准则

"机械可靠性设计是将设计中与结构应力、材料强度相关的参数均视为一定的分布函数，利用机械可靠性中的应力—强度干涉理论建立可靠度模型，继而根据应力与强度的分布关系算得结构的可靠性。"❶ 机械可靠性设计由于产品的不同与构成的差异，可采用的可靠性设计准则有以下六种：

（一）简化设计准则

简化设计就是在确定产品的设计方案时，不片面地追求性能指标的"高而精"，在满足使用要求的前提下，尽可能地采用成熟技术，使产品的"结构"和"组成"均得到简化，进而提高产品的可靠性。"结构简化"是指产品的机械结构应尽可能采用"一体化"的结构形式，减少组装级别与螺钉连接；"组成简化"是指，尽可能减少产品的功能单元，减少元器件的品种和数量。

机械产品一般属于串联系统，要提高整机可靠性，首先应从零部件的严格选择和控制做起。例如，优先选用标准件和通用件；选用经过使用分析验证的可靠的零部件；严格按标准选择及对外购件的控制；充分运用故障分析的成果，采用成熟的

---

❶ 欧阳杰，俞思源. 一种基于机械可靠性的安全设计方法 [J]. 机电工程技术，2022，51（07）：207.

经验或经分析试验验证后的方案。

在满足预定功能的情况下，机械设计应力求简单，零部件的数量应尽可能减少，越简单、越可靠是可靠性设计的一个基本原则，是减少故障、提高可靠性的最有效方法。但不能因为减少零件而使其他零件执行超常功能或者在高应力的条件下工作，否则简化设计将达不到提高可靠性的目的。

（二）容差设计准则

在产品的寿命周期内，由于制造应力的释放、元器件的老化和环境温度的变化等，会引起元器件参数的变化和电路性能指标的漂移。如果这种变化和漂移超出了规定的范围，就会导致产品性能恶化，甚至失效。所谓"容差设计"，就是在产品的设计阶段采取相应的技术措施，确保产品在其寿命周期内各项参数的漂移始终不超出规定的范围，这就是通常所说的"参数稳定性"。

（三）余度设计准则

余度设计也称为"冗余设计"，有时还称为"储备设计"。所谓"余度"，是指在系统或者设备中，针对某一"特别重要的功能"，配置两套以上能完成同一功能的单元，只有当这些单元全部发生故障时，系统或者设备才会丧失功能而失效。所谓"特别重要的功能"，是指当该功能丧失后会造成严重后果，如人身伤亡、重大财产损失和恶劣的社会影响等。因此，这对系统或者设备的可靠性和安全性提出了极高的要求。余度设计是对完成规定功能设置重复的结构、备件等，以备局部发生失效时，整机或系统仍不至于发生丧失规定功能的设计。

当某部分可靠性要求很高，但目前的技术水平很难满足，采用降额设计、简化设计等可靠性设计方法等还不能达到可靠性要求，或提高零部件可靠性的改进费用比重复配置还高时，余度技术可能成为唯一或较好的一种设计方法，例如采用双泵或双发动机配置的机械系统。但余度设计往往使整机的体积、质量和费用均相应增加。余度设计提高了机械系统的任务可靠度，但是基本可靠性却相应降低了，因此采用余度设计时要慎重。

（四）耐环境和抗力学环境设计准则

耐环境设计是指，在设计时就考虑产品在整个寿命周期内可能遇到的各种环境影响，例如装配、运输时的冲击、振动影响，储存时的温度、湿度、霉菌影响，使用时的气候、沙尘、振动影响。因此，必须慎重选择设计方案，采取必要的保护措施，减少或消除有害环境的影响。具体地讲，可从认识环境、控制环境和适应环境三方面加以考虑，具体如下：

第一，认识环境。认识环境是指不应只注意产品的工作环境和维修环境，还应了解产品的安装、储存、运输环境。在设计和试验过程中，必须同时考虑单一环境和组合环境这两种环境条件；不应只关心产品所处的自然环境，还要考虑使用过程中所诱发出的环境。

第二，控制环境。控制环境是指在条件允许时，应在小范围内为所设计的零部件创造一个良好的工作环境条件，或人为地改变对产品可靠性不利的环境因素。

第三，适应环境。适应环境是指在无法对所有环境条件进行人为控制时，在设计方案、材料选择、表面处理及涂层防护等方面采取措施，以提高机械零部件本身耐环境的能力。

对于机械产品而言，抗力学环境是可靠性控制的核心内容。这里所说的力学环境是指振动、冲击、碰撞、跌落、摇摆和恒加速度（离心）等。除恒加速度外，其他应力均不是常值，产品对它们的时域响应可视为随机过程。若用傅里叶变换❶将其转换到频域去，均为功率谱密度函数。其差别仅在于各自的功率谱在频率轴上的位置不同（中心频率不同）、各自的带宽也不同。由于冲击、碰撞和跌落等过程的功率谱很窄，通常将它们视为"窄带振动"。就是说，大部分的力学应力都可归化为振动过程，这样，抗力学环境的问题就可归结为防振及抗振的问题。

第二节　机械零件的可靠性设计

一、机械零件可靠性设计概述

机械零件可靠性设计主要是基于可靠性设计原理和分析方法，对零件传统的设

---

❶　傅里叶变换：表示能将满足一定条件的某个函数表示成三角函数（正弦和/或余弦函数）或者它们的积分的线性组合。

计内容赋予概率含义。但是就失效（或故障）状态、工作能力准则而言，可靠性设计仍然是以传统的（常规的）设计方法为基础，其设计程序和传统设计相似，主要有校核和设计两方面内容：

（一）零件可靠性校核

零件可靠性校核是指已知零件工作应力和材料强度的分布及其分布参数和设计目标要求的可靠性（可靠度或可靠寿命），对零件进行可靠性校核。

（二）零件可靠性设计

零件可靠性设计是指依据零件的许用可靠性指标和材料性能，确定零件的几何尺寸。

在常规设计中，首先要分析零件上所承受的载荷及由该载荷计算出零件上的应力分布，确定危险点上的工作应力，其次要根据失效类型来确定许用应力。

零件工作时所受的最大工作应力与材料的强度极限都是随机变量，受载荷波动、尺寸变化，材质不均匀和热处理差异等因素的影响，而这些随机因素在常规设计中是没有考虑的，只用安全系数来加以考虑。而安全系数的取值远大于1，在很大程度上由设计者的经验确定，带有不确定性和盲目性。同一个零件如由两个人设计，由于经验不同，设计结果可能相差较大。这种设计方法如用于高精尖产品的设计上，是不能令人放心的。此外，在常规设计中，为了安全可靠往往采用加大安全系数的办法，这样就造成了所设计零件的尺寸和重量增加。因为常规设计存在着这些致命弱点，所以设计者就不能解释这两个问题：①产品在整个使用过程中任一时刻的失效概率；②产品在设计的条件和寿命下，是否会因为可靠度太高而造成成本不必要地加大，或因为可靠度太低而造成不应有的破坏。

对于非常重要的产品（如核能工程中的压力容器），或者对要求重量轻、可靠性高的零部件（如飞行器的重要零部件），它的破坏会造成严重的事故。所以要求设计者在设计中预知设备在运行中的破坏概率，并且希望破坏概率能限制在一个很小的给定范围之内，这就必须进行可靠性设计。

在可靠性设计中，把零件工作时所受的最大工作应力与材料的强度看成是一个随机变量，且服从某种分布规律，应用概率论与数理统计理论加以定量计算，推导出在给定设计条件下零部件不产生破坏的概率公式和其他公式。应用这些公式，就可以在给定可靠度下确定零部件的尺寸，或者已知零部件尺寸，确定安全寿命等，这就更接近于事物的本质。因此，用可靠性设计就能圆满解决：①所设计的产品在规定条件下和运行时间内，其失效情况及破坏概率；②可以根据零件的重要程度来决定可靠度的大小，从而得到更合理的设计参量。

对产品进行可靠性设计时，并不是对所有产品都要求具有同样的可靠性指标。采用什么可靠性指标（可靠度、平均寿命或其他指标），取决于产品的设计要求，而可靠性指标的大小则取决于产品的重要性。例如，在一架有 3 万多个零部件的飞机上，经常发生故障的零件只有 600 多个，即只占 2% 左右。又如在国外，对一架民用飞机的可靠性要求，应当高于一架军用飞机的要求，因为一架民用飞机的失事，会招致巨大的经济损失。再如，当飞机在飞行时，起落架发生了故障，其后果将是极其严重的；可发动机的效率降低了其后果只是经济损失问题；但乘客座椅损坏，实际上没有什么了不起的后果。

在对机械零件进行可靠性设计时，既需要零件的应力和强度的分布信息，同时也需要零件设计的目标可靠度。

为判断产品的重要性及可靠性的质量指标，通常将可靠度分成 6 个等级，如表 6 - 3 所列。0 级是不重要的产品；1~4 级为可靠性要求较高的产品；5 级则为很高可靠性的产品，在规定的使用寿命期是不允许发生故障的。

二、可靠性设计的理论基础——概率统计学

"机械系统的有效运行是与各个零件的有效配合分不开，机械零件可靠性较好，则机械系统整体运行效果好，对此需要对零件质量有所把握，对于零件质量的分析，一般做零件的可靠性分析。"[1] 在产品的运行过程中。总会发生各种各样的偶然事件（故障）。概率论就是一门研究偶然事件中必然规律的学科，这种规律一般反映在随机变量与随机变量发生的可能性（概率）之间的关系上。用来描述这种关系的数学模型很多，如正态模型、指数模型、威布尔模型等，其中最典型的是正态模型：

---

❶ 何威. 机械零件可靠性设计理论与方法研究［J］. 湖北农机化，2018（03）：57.

$$f(t) = \frac{1}{2.506628\sigma}e^{\left[-\frac{1}{2}\left(\frac{t-u}{\sigma}\right)^2\right]} \tag{3-1}$$

式中：t——随机变量；

U——平均值；

Σ——标准值。

上述数学模型称为随机变量的概率密度函数，它表示了变量 t 发生概率的密集程度的变化规律。随机变量在某点以前发生的概率可按 t 下式计算：

$$F(t) = \int_{-\infty}^{t} f(t)\mathrm{d}t \tag{3-2}$$

$F(t)$ 称为随机变量 t 的分布函数或称积分分布函数。对于时间型随机变量而言，它反映了故障发生可能性的大小，它的值是在 $[0,1]$ 之间的某个数。

第三节　机械系统的可靠性分析

系统可靠性这一术语，在可靠性工程中是经常遇到的。对系统进行可靠性分析，在整个可靠性理论与实践中占有很重要的地位。

随着科学技术的发展，系统的复杂程度越来越高，但系统越复杂则其发生故障的可能性就越大，所以，迫使人们必须提高组成系统的零部件的可靠度。假如组成系统的零部件的可靠度都等于99.9%，那么，有40个零部件组成的串联系统其可靠度约等于96%，而400个零部件组成的串联系统其可靠度约等于67%。某些复杂系统包括成千上万个零部件（如导弹和宇宙飞船等），那么，为保证系统的高可靠度，对零部件的可靠度就得提出更高的要求。这样，一方面由于对零部件可靠度提出过高的要求，而零部件的生产又受到材料及工艺水平的限制，很可能无法达到过高的可靠度指标。另一方面也将导致系统本身价值十分昂贵，万一系统失效，将会在人力和物力上造成巨大损失，甚至会引起严重后果。这种情况就使系统的可靠性问题显得特别突出，迫使人们不得不给予应有的重视和研究。

一、机械系统可靠性概念

系统由某些彼此相互协调工作的零部件、子系统组成，来完成某一特定功能的综合体。组成系统相对独立的机件通称为单元。系统与单元的含义均为相对的概念，由研究对象而定。例如，将汽车作为一个系统时，则其发动机、离合器、变速箱、传动轴、车身，转向、制动等，都是作为汽车这一系统的单元而存在的。当将驱动桥作为一个系统进行研究时，则主减速器，差速器、驱动车轮的传动装置及桥壳就是它的组成单元。因此，系统的单元是相对的，系统的单元可以是子系统机器、总成，部件或者零件等。

（一）决定机械系统可靠性的因素

系统的可靠性不仅与组成该系统各单元的可靠性有关，而且也与组成该系统各单元间的组合方式和相互匹配有关。

机械系统是指由若干个机械零部件组成并相互有机地组合起来，为完成某一特定功能的综合体，故构成该机械系统的可靠度取决于下列两个因素：

第一，机械零部件本身的可靠度，即组成系统的各个零部件完成所需功能的能力。

第二，机械零部件组合成系统的组合方式，即组成系统各个零件之间的联系形式。对特定机械系统，当组成系统的零部件可靠度保持不变，而零部件之间组合方式变化时，系统可靠度在数值上相差很大。所以，组合方式不同系统可靠性模型不同。

（二）机械系统可靠性的设计方法

机械零部件相互组合有两种基本形式，一种为串联方式，另一种为并联方式，而机械系统的其他更复杂的组合基本上是在这两种基本形式上的组合或引申。

机械系统可靠性设计的目的，就是要使机械系统在满足规定的可靠性指标、完成预定功能的前提下，使该系统的技术性能，质量指标、制造成本及使用寿命等取得协调并达到最优化的结果，或者在性能、质量、成本、寿命和其他要求的约束下，设计出高可靠性机械系统。

机械系统可靠性设计方法，可以归结为以下两种类型：

第一，按照已知零部件或各单元的可靠性数据，计算系统的可靠性指标，称为可靠性预测。通过对系统的几种机构模型的计算、比较，以得到满意的系统设计方案和可靠性指标。

第二，按照已经给定的系统可靠性指标，对组成系统的单元进行可靠性分配，并在多种设计方案中比较、选优。

有时上述两种方法需联用。即首先要根据各单元的可靠度，计算或预测性系统的可靠度，看它是否能满足规定的系统可靠性指标；如果不能满足时，则还要将系统规定的可靠性指标重新分配到组成系统的各单元中。

研究机械结构的可靠性问题就是机械概率可掌性设计，根据概率论和统计学理论基础的可掌性设计方法比常规的安全系数法更合理。可掌性分析中的重要手段有失效模式影响分析（FMEA）和故障树分析（FTA）。

失效模式影响分析：从零部件故障模式入手分析、评定它对整机或系统发生故障的影响程度，以此确定关键的零件和故障模式。

故障树分析：从整机或系统故障开始逐步分析到基本零件的失效原因。

这两种方法收集总结了该种产品所有可能预料到的故障模式和原因设计者可以较直观地看到设计中存在的问题。

可靠性分析在国外被看作与设计图纸一样重要，作为设计的技术标准资料。

可靠度常用分析软件有：①Weibull＋＋：可靠度资料分析软件；②ALTA：加速可掌度测试资料分析软件；③BlockSim：可掌度方块图模拟分析软件；④RGA：可掌度增长分析软件；⑤Xfmea：失效模式效应分析软件；⑥PRISM：可靠度预估软件。

二、失效模式影响分析

失效模式影响分析是在产品设计阶段和过程设计阶段，对于构成产品的子系统、零件及构成过程的各个工序逐一进行分析，找出所有潜在的失效模式，并分析其可能的后果，从而预先采取必要的措施，以提高产品的质量和可靠性的一种系统化活动。这种分析方法需要有较强的实践性和经验性，需要由熟悉产品性能的设计人员和现场管理的工程技术人员协作完成。

失效模式影响分析是用一般的归纳方法来完成对系统可靠性及安全性的定性分析。该方法首先找出本单元的故障模式，再到上一层系统去确定每一种故障模式对系统的影响，如此连续进行就可以在全部所需的各分析层上找出最后的故障效应。

一般此种分析过程包括失效模式影响分析（FMEA）和严重度分析（CA）两部分，合起来称为 FMECA 分析。

失效模式影响分析与失效分析是不同的。失效模式影响分析强调的是潜在的失效模式及后果分析，此时失效还未产生，可能发生但不是一定要发生，该分析的思想以预防为主，评估风险和潜在失效模式的影响是其中的核心内容，其使用时机开始于产品设计和工艺开发活动之前，并且应该指引贯穿整个产品周期。而失效分析，则主要是指失效已经产生，该分析的思想是纠正错误，其涵盖的范围主要是诊断已知的失效，目的是指引开发和生产。

失效模式影响分析的实施方法如下：

（一）充分熟悉系统（产品）的功能、构成及工作原理

充分熟悉系统（产品）的功能、构成以及工作原理包括总系统、子系统以及各零部件（元器件）等的功能、特性和它们之间的联系等。对于所分析系统画出其系统功能框图和可靠性框图。

功能框图：表示系统内各组成部分功能的物理关系顺序图。

可靠性框图：表示系统内各组成部分可靠程度相互影响的逻辑关系图。

（二）明确系统的可靠性要求

明确系统的可靠性要求包括启动与停车、正常运行与故障情况、辅助系统性能（如控制系统、信号系统等）、维修状况和间隔、系统连续运行时间和间隔等。

（三）明确产品的使用条件

明确产品的使用条件包括温度、湿度、大气条件以及环境载荷，如风载、雨载或雪载等。应当说明，以上所列资料，如系统工作的外界环境条件，随对分析对象所需功能的影响程度而各有取舍，不一定全用到，视具体分析对象而定。

（四）建立产品失效模式表

从最底层零部件（元器件）一级开始，全面分析一切可能的失效模式及其原因，将其可能出现的各种故障模式填入表格。

失效模式影响分析表格可以用在产品的各个阶段，当前已经进入第四版，包括系统、产品、过程（制造/装配）、应用、服务及采购等多种形式。

三、故障树分析

（一）故障树分析法简介

故障树分析法是与可靠性框图法等价的系统可靠性分析方法。框图法分析的着眼点是系统的可靠性，而故障树分析法考察系统可靠性时，就是从系统的不可靠（即故障）入手的。

20 世纪 60 年代，人们主要采用框图分析法对系统进行可靠性分析。但是随着大型复杂系统的建立（如洲际导弹、宇航、核电站等），对系统的可靠性要求愈来愈高。要对大型复杂系统作出可靠性分析，建立逻辑框图成了十分困难的事。框图分析法只能求出一些简单系统的某特定时刻的工作概率，同时框图分析法很难清楚地把人的影响和环境的影响表示出来。于是人们去寻找新的途径，努力研究简便易行的新的分析方法。

故障树分析法是一种图形演绎方法，是故障事件在一定条件下的逻辑方法。它是用一种特殊的倒立树状逻辑因果关系图，清晰地说明系统是怎样失效的。故障树分析法的基本思想是：把系统故障作为顶端事件，之后沿着这样的思路进行分析：首先分析人员应该提出并回答"哪些直接因素能够造成顶事件的出现"，并罗列出来 A、B、C 等，其次针对罗列出来的因素 A、B、C 等，再找出它们中每个发生的下一级因素是哪些，按照这个线索步步深入下去，一直追溯到系统的最基本事件为止。将上述各种级别的事件和诱发因素通过逻辑关系联系起来，就形成了一个树状逻辑图，称为故障树（FT）。根据故障树，分析系统发生故障的各种原因和系统可靠性特征量，就是故障树分析法。

（二）故障树分析法的步骤

建树工作要求建树者对于系统及其各个组成部分有透彻的了解，应由系统设计人员亲自建树，同时与其他方面专家密切合作，建树是一个多次反复、逐步深入完善的过程。

第一，选择合理的顶事件，确定系统的边界条件。若 FTA 的任务是分析已发生的故障的原因，则顶事件是给定的，无须选择；若 FTA 是预测系统会发生何种故障，并分析造成故障的原因时，就要正确地选择顶事件。选择时应认真分析，不能遗漏重大故障。同时还要确定出系统的各种边界条件，以利正确建树。

第二，建造故障树。对于复杂系统，建树时应按系统层次由上至下逐级展开。

第三，简化故障树。在明确定义系统接口和进行合理假设的情况下，可以对所建故障树进行必要的简化。对于复杂庞大的故障树可以应用模块分解法、逻辑简化法和早期不交化方法等进行合理的简化。

第四，求故障树顶事件的故障模式（最小割集），对故障树结构进行定性分析。一棵树包含了许多信息，应认真分析各事件的结构重要度，以判断各事件所代表的单元在系统中的重要性大小。分析共同原因失效，对其影响大的应给予充分注意，按共同模式失效原则进行处理，以得到正确的概率值。

第五，在已知底事件发生概率值的情况下，对故障树进行定量化分析。计算出顶事件发生的概率和有关的可靠性参数，必要时还要进行重要度分析，计算顶事件发生概率的上下限。若底事件概率值为未知，就可假设某一合理值，进行系统可靠性方案的比较。

第六，对所得结果进行分析，必要时进一步修改后再行计算。

（三）故障树分析法注意事项

1. 故障事件应严格定义

顶事件和故障事件必须明确具体的界定，定义应该明确指出故障是什么，故障是在何种条件下发生的，不能含混不清。

2. 预先给定建树的边界条件

顶事件给定后，建树前应明确规定所研究系统和其他设备的界面以及给定一些必要的假设（如不考虑导线故障、不考虑人为故障等），只有这样，才能知道这棵树建到何处为止，使建的树不会过于庞大和烦琐。

3. 从上向下逐级建树

从上向下逐级建树的主要目的是避免遗漏。一棵庞大的故障树，下级输入数可能很多，而每一个输入都可能仍然是一棵庞大的子树。

在建树过程中，应循序渐进逐级进行。在进一步分析逻辑门的任何一个输入之前应完整地定义该逻辑门的全部输入并表现在正在发展的故障树图上，在保证上一级的全部输入事件已无遗漏地枚举出来之后，才可对这些输入事件作进一步发展。遵循这条规则可以避免遗漏。

4. 建树时不允许门—门直接相连

防止建树者不从文字上对中间事件下定义即去发展该子树。建树时任何逻辑门的输出都必须用一结果事件清楚定义，不允许不经结果事件而门—门直接相连。只有如此方可保证门的输入事件的正确性，保证所建成的故障树的任一子树的物理概念是清楚的。这不仅对其他人了解该树是必要的，而且对于建树者自己的备忘也是十分必要的。

5. 用直接事件取代间接事件

为故障树的向下发展，必须用等价的、比较具体的直接事件逐步取代比较抽象的间接事件。

第四章 机械设计制造技术的环保性研究

第一节 机械环保性设计的概述

"工业化进程的加快，带动了科学技术的发展和进步，各种各样的机械产品不断涌现，在推动社会生产力水平提高，方便人们工作和生活的同时，所造成的资源消耗和环境污染问题也日益严峻，受到社会各界的重视。"[1] 应对环境污染最直接的办法就是污染治理。20 世纪六七十年代，工业发达国家在快速发展经济的同时，忽视了对工业污染的防治，致使环境问题日益严重，公害事件不断发生。面对严峻的资源环境问题、巨大的经济损失和社会各界的压力，各国都采取了相应的环保措施和对策，如增大环保投资、建设污染控制和处理设施、制定污染物排放标准、实行环境立法等，以控制和改善环境污染问题，但是同时也付出了高昂的代价。

机械环保性设计思想，正是针对当前人类社会所面临的上述资源短缺与环境污染的严重威胁，进而提出来的一种新的产品设计理念。其根本目的在于在产品设计阶段，便应考虑如何使所设计的产品，在其生命周期（设计、生产、流通、使用、维修、报废回收、再生利用）的各个阶段中的资源利用率为最高，但对环境的污染却最少。为实现这一根本目的，必须正确设计产品的结构及其在使用与维护时对环境的友好性、正确选择所用材料、正确选用毛坯类型及其生产方法、正确考虑产品生命周期终止后的回收及利用。

---

[1] 乐国祥. 浅析现代机械环保产品设计方法［J］. 科技创新与应用，2015（25）：126.

　　传统产品设计，它重点考虑产品的功能、质量、成本和寿命，而对于使用、维护及产品废弃过程中对环境的影响考虑得很少，甚至根本没有考虑。因此，设计人员对产品在其整个生命周期中的资源利用是否最优？对环境的影响如何、产品废弃后能否有效再利用知之甚少，只要产品满足要求的功能并易于制造就算完成设计了。按传统设计生产制造出来的产品，在其废弃后就成为垃圾、回收利用率低、资源浪费严重，如果其中含有有毒有害物质，就会严重污染生态环境，影响可持续发展。

　　机械环保性设计的概念是从并行工程思想发展而来，产品全生命周期中的各个阶段（包括设计、制造、使用、回收处理）被看成一个有机的整体，在保证产品的功能、质量和成本等基本性能情况下，充分地考虑产品全生命周期中各个环节中的资源、能源的合理利用及环境保护等问题。

　　机械环保性设计包含一系列具体技术，如全生命周期评估技术、面向环境的设计、面向制造的设计、面向拆卸的设计、面向回收的设计、面向质量的设计、面向维护的设计等。

第二节　面向制造的设计

一、面向制造的设计技术

　　随工业生产的发展，现代产品的功能、结构日趋复杂，产品设计在整个产品生命周期内占有越来越重要的地位。一方面，设计费用在整个制造系统中所占的比例虽然不大，但是对制造成本的影响却很大；另一方面，制造成本占产品总成本的绝大部分，但由制造工艺改进或革新所带来的生产节约却十分有限。基于这种认识，产生了面向制造的设计思想或方法（DFM）。它抓住设计对制造以及产品总成本的影响是决定整个生产系统的经济性这一关键问题，要求把产品设计放在整个制造系统中来考虑，力图使设计出的产品更好地满足制造要求，进而得到一个全局优化的产品设计。

　　面向制造的设计采用产品设计与工艺设计并行进行的设计方法，使在设计阶段就充分考虑与制造有关的各种约束，如可制造性、可装配性、可维护性和制造成本等，从而全面评价产品设计及相关的工艺设计，并且提供反馈信息，及时改进设计，使产品设计便于制造、便于装配等，以达到降低产品成本，提高产品质量，缩短产品开发周期的目的。

（一）DFM 的主要内容

1. 产品 DFM

产品 DFM 是对整个产品设计方案进行优化分析的技术，它处理的问题是产品结构对整个制造成本的影响。它包含了以下两个方面的内容：面向装配的设计和成本早期预算。

2. 零件 DFM

零件 DFM 是对单个零件设计的优化分析技术，包括材料成本最小化和加工工艺优选等，它要求设计中应尽量避免一些不必要的和花费高的零件特征。

3. DFM 分析考虑的因素

DFM 的定性和定量分析主要从五方面考虑：①互换性（包括材料互换性、结构互换性等）；②复杂性（包括复杂度、容差，对称性，均布性、可实现性，定向性，易操作性等）；③质量（包括设计缺陷、鲁棒性等）；④效率（包括材料利用率、零件数目、操作效率、标准化程度等）；⑤耦合性（包括基于材料的相关性，基于工艺的相关性，基于结构的相关性等）。

（二）DFM 的一般方法

产品的可制造性与产品本身结构和制造资源有密切的关系，它涉及的因素很多，而且各种因素对可制造性影响程度不同。因此，可制造性是一个多指标的概念。同时，可制造性也是一个相对的概念，它是相对于一定的制造资源而言的，并取决于制造资源，包括各种加工设备、工具，夹具及物料传输系统等。可制造性的评价指标可以是定量的、定性的，甚至模糊的，建立合理的可制造性评价模型，采用先进的评价方法（模糊推理技术和人工神经网络技术），是对产品的可制造性进行正确、合理评价的关键。

对机械产品而言，目前，DFM 的一般方法是：将产品解释为一组特征的集合，即建立基于特征的产品信息模型。这些特征隐含有丰富的有关产品制造、装配、成本等多方面的工程信息，通过建立基于特征知识的 DFM 专家系统，对那些可能引起可制造性问题的特征进行分析，进而评价和改进设计。

（三）DFM 工具开发的步骤

1. 需求分析

需求分析主要是调查客户需求，制订 DFM 工具开发规范与系统功能。当然，兼顾功能的同时还要考虑它的可实施性和柔性，DFM 工具的应用决不能是增加设计约束，而要鼓励革新与创造。

2. 产品建模

产品信息主要指产品的组成、配置及特性等。DFM 工具的建模主要考虑物料单和主要特性。物料单（BOM）是数据输入，输出的基础；而主要特性是决定产品形状的属性或参数，如几何特性（形状、尺寸等）物理特性（重量、密度等）、技术特性（公差、配合等）和材料特性（硬度、韧性等）等。当然，不同的 DFM 工具有所不同，如 DFA 中主要考虑的特性有产品结构、零件形状、配合、零件方向、零件对称性、重量和尺寸以及零件刚性等。

3. 工艺过程建模

工艺过程建模是开发 DFM 工具的关键步骤。所谓工艺过程建模就是怎样表示事务过程，资源模型以及产品生命周期活动中生产要素和资源的消耗。工艺活动和资源的组成、配置和特性等应表达在工艺过程模型中。IDEF0、GIM、工艺流程图、操作流程图等均可以用来进行工艺过程建模。

4. 选择执行手段

选择执行手段即选择或设计可制造性、可装配性等评价准则与相应算法，它决定了 DFM 工作的机制。

5. 编写使用指南

DFM 是数据密集型工具，收集合适的数据是进行 DFM 分析的瓶颈。为了克服数据收集的困难，要编写使用指南。它的内容和格式决定了 DFM 工具的功能范围和使用效率。一个结构化的使用指南主要涉及的问题是：①应收集哪些数据；②到哪里去收集这些数据；③怎样表达这些数据；④怎样使用这些数据。

6. 编写工作流程

为了方便地使用 DFM 工具，需要编写 DFM 使用工作流程。工作流程应反映 DFM 信息的逻辑流程及主要的输入和输出内容。

7. 测试

测试的目的主要是检验 DFM 工具的功能。以上各一步都要接受测试，测试主要涉及的问题是：①什么应该被测试和验证；②测试的准则是什么；③怎样进行测试；④怎样改进 DFM 工具。

通常可采用专家咨询、事例分析等方法进行测试。

二、再制造设计

面对大量失效、报废的机电产品，再制造工程作为资源循环利用的重要途径，应运而生。再制造是指对旧产品进行专业化修复或升级改造，使其质量特性达到或优于原有新品水平的制造过程。这里所说的质量特性包括产品功能、技术性能、绿色性和经济性等。再制造过程一般包括再制造毛坯的回收、检测、拆解、清洗、分类、评估、修复加工、再装配、检测、标识及包装等，再制造被认为是先进制造的补充和发展。

（一）再制造设计流程

再制造设计是指在产品设计阶段考虑产品再制造性要求的设计方法。再制造性是再制造毛坯可以再制造的属性和能力。再制造性代表的是产品退役后的一种性能，所以它也应该和现有产品功能性能设计流程融合，即在产品设计过程考虑必要的设计元素来实现再制造性。

再制造性设计首先强调对再制造工艺流程的理解，只有了解产品清洗、目标对象拆卸、目标对象清洗、目标对象检测、再制造零部件分类、再制造技术选择、再制造、检验等再制造工艺流程，才能设计出再制造性优异的产品。其次，在再制造设计中对产品再制造率的评估和提高。再制造率的计算可分为按数量或按价值两种指标评估。例如，如果一个部件 60% 的零件可以再制造，则数量上评估其再制造率为 60%；如果该部件的价值 300 元，其中价值 240 元的零部件可以再制造，则价值上评估其再制造率为 80%。如果评估决定继续提高再制造率，则需要列出可能再制造的零部件，并进行材料性能、连接方式、公差和寿命等方面的设计和试验，来提高其再制造性。

（二）再制造设计的主要内容

再制造设计主要包括面向再制造的材料选择、面向再制造的产品结构设计及面向再制造的工艺设计等。

1. 面向再制造的材料选择

材料选择是再制造性能的基础，在材料设计和选择时，应遵循如下原则：

（1）面向零部件多生命周期的材料选择，再制造要实现产品或者其零部件的多生命周期，需要在设计时根据产品及其零部件的功能属性、服役工况及失效形式，综合设计关键核心件的使用寿命，选用满足多生命周期服役性能的材料，或者选用零部件失效后便于再制造的材料。但是，面向零部件多生命周期的材料选择策略，有可能增加零件的材料种类。所以需要平衡零件材料种类增多给可制造性、易维修性、易拆卸性和易回收性等带来的影响。

（2）面向再制造的材料反演设计，再制造加工主要是针对失效零件开展的修复工作，因此，再制造关于产品在不同服役工况下的材料失效分析，及其相对应的工艺分析，是推演零部件应具有的材料组织结构和材料组分的基本要求，由此进行材料的反演设计和选择，有助于改进原产品设计中的材料缺陷，提升产品零部件服役性能。

（3）面向再制造的材料智能化设计，针对产品服役过程中零部件的多模式损伤形式，以及损伤在发生位置和时间上的不确定性，可以采用材料的智能化设计技术，实现在线再制造。例如在材料中添加微胶囊以在零件运行过程自动感知微裂纹的形成，并通过释放相应元素来实现裂纹的自愈合，进而实现零件损伤的原位智能修复。

（4）面向再制造的绿色材料选择，即在产品多寿命服役过程中或者在再制造过程中，尽量选用对环境无污染、对健康无损害、易于循环利用或无害化处理的材料。

2. 面向再制造的产品结构设计

再制造生产能力的提升依赖于拆解、清洗、恢复、升级及物流等再制造环节对产品结构的诸多特有要求，面向再制造的产品结构设计方法重点包括易拆卸性设计、易升级性设计、易清洗性设计、易恢复性设计、易运输性设计等五个方面。下面重点介绍易清洗性设计、易恢复性设计及易运输性设计。

（1）易清洗性的产品结构设计，应尽可能简化结构，避免异形面和管路等不易清洗结构；应避免易老化、易腐蚀的零件与要再制造的零件邻接，应采用合适的表面材料和涂料等。

（2）易恢复性的产品结构设计，应根据产品失效模式，改进结构形式，提升零部件的可靠性；从结构上保证损伤出现后，能够提供便于恢复加工的定位支撑结构等。

（3）易运输性的产品结构设计，如尽量减小产品体积，提供产品或零部件易于运输的支撑结构，避免在运输过程中有易于损坏的尖锐结构等。例如风电装备再制造的一个挑战就是这些大型零部件的运输性。

3. 面向再制造的工艺设计

面向再制造的工艺设计应能充分调动生产要素来提升再制造效益，主要的设计内容包括下列内容：

（1）再制造零部件分类设计，高效的再制造分类能够显著提升再制造生产效率。因此，设计时，除了考虑分类方法、分类编码的设计外，还应增加零件结构外形等易于辨识的特征或标识。例如在产品或关键零部件上设计永久性标识或条码，实现对产品及其零部件功能性能、材料类别、服役工况与时间、失效与运维等的全生命周期信息追溯，便于对零件快速分类和性能检测。

（2）绿色再制造工艺设计，主要是优化应用高效绿色的再制造生产工艺及装备，采用更加宜人的生产环境，以节省能源和资源，减少环境污染及对人体健康的损害。

（3）标准化再制造生产设计，主要是标准化再制造工艺方法与流程，建立完善再制造标准体系，形成标准化的质量保证机制。

三、面向增材制造的创新设计

（一）增材制造技术的商业价值

增材制造技术的商业价值包括下列内容：

第一，加速产品上市；

第二，可调整设计变更；

第三，简化产品维修，降低服务成本。

较之传统的生产模式，增材制造具备更稳定的成本变化，其单件成本不会受产品复杂性或订单批量的影响。与此同时，增材制造技术本身也在快速的发展，如 HP 的 MultiJet Fusion 3D 打印机已经能完成上万种塑胶小零件的打印，且成本比传统的注射工艺低很多。金属增材制造设备也在快速的发展，在激光技术的支撑之下，生产率和产品质量都得到了显著的提升。

增材制造技术还推动着整个产业链的变革，主要体现在：①减少模具制造环节，包括塑胶模、压铸型和工装；②减少零部件供应链环节，会消除库存的牛鞭效应；③大幅缩减小批量生产的成本，易于实现真正的单件流。

这些变革会带来整个业务模式的变化，使得个性化、定制化的运作模式得到强有力的支撑，面向最终用户的产品功能创新和服务模式创新更容易实现，全产业链协作就会更加容易。

（二）增材制造技术的典型工艺

增材制造技术正在推动产品创新，并帮助企业克服当今的生产障碍，通过减材、减重、扩展产品性能等方法来重塑产品，将产品变革从传统设计往面向增材制造的创新设计方面转移；通过消除开模、消除或简化装配等重组制造过程，将增材制造从原型应用和试验应用往主流工业化生产方面转移，进而实现个性化、定制化、按需打印等生产需求，帮助企业重构业务。

增材制造的典型工艺有三种，分别为激光烧结、材料挤压成型和粉末喷射。下面逐一对其进行简单介绍，以便在实际应用中能根据生产任务的特性选择合适的工艺。

1. 激光烧结

激光烧结法是利用计算机控制快速移动的镜子来控制激光束移动，激光束一层一层地烧结材料（如陶瓷粉末或金属粉末）成型。当一层烧结完成后，工作台下移，工作台表面再敷上一层材料，进行下一个平面的烧结过程。

如果材料是光敏树脂，则加工过程称为光固化立体成型（SLA）。

如果材料是陶瓷、金属粉末或塑料，通过激光烧结成型称为选择性激光烧结（SLS）。没用过的粉末都能在下一次打印中循环利用。所有未烧结过的粉末都保持原状并成为实物的支撑结构，因此这种工艺不需要任何其他支撑材料，而 FDM、SLA 等工艺则需要支撑结构。

2. 材料挤压成型

材料挤压成型（FDM）又称为熔丝沉积（FFF），它是将丝状的热熔性材料加热熔化，通过带有一个微细孔的挤压头挤压出来。挤压头可沿着 X 轴方向移动，而工作台可以沿 Y 轴方向移动。如果热熔性材料的温度始终稍高于固化温度，而成型部分的温度稍低于固化温度，就能保证热熔性材料挤出喷嘴后，随即与前一层面熔结在一起。一个层面沉积完成后，工作台按预定的增量下降一个层的厚度，再继续熔丝沉积，直到完成整个实体造型。

挤压的材料通常为各种塑料，如 ABS、PLA、PP、PC 等。市场上加工费用低的3D 打印机大多为这种类型。

3. 粉末喷射

粉末喷射（3DP）工艺类似于喷墨打印，喷头把液态树脂喷射到粉末加工台面，并将其固化。可以喷射多种液体树脂，用形成不同材料性质的工件。

3DP 工艺与 SLS 工艺类似，均采用粉末材料成型，如陶瓷粉末和金属粉末。所不同的是，3DP 工艺中材料粉末不是通过烧结连接起来的，而是通过喷头用粘结剂（如硅胶）将零件的截面"印刷"在材料粉末上面。用粘结剂粘接的零件强度较低，还需进行后处理。

3DP 的具体工艺过程为：上一层粘接完毕后，成型缸下降一段距离（等于层厚，为 0.013~0.1mm）；供粉缸上升一段距离，推出若干粉末，并被铺粉轮推到成型缸，铺平并被压实。喷头在计算机控制下，按下一个要建造的截面的成型数据有选择地喷射粘结剂建造层面。铺粉辐铺粉时多余的粉末被集粉装置收集。如此周而复始地送粉、铺粉和喷射粘结剂，最终完成一个三维粉体。未被喷射粘结剂的地方为干粉，在成型过程中起支撑作用，且成型结束后，较容易去除。

在加工金属材料时，通常采用激光粉末沉积技术（LPD），通过喷头把金属材料沉积在工件的表面，同时激光烧结成型。

四、方便制造与操作的结构设计与创新

在满足使用功能的前提下，设计者应力求使所设计产品的结构工艺简单、消耗少、成本低、使用方便、操作容易及寿命长。

（一）加工工艺的结构

对于复杂的零件，加工工序增加、材料浪费、成本将增高，为改变这样的结构，可采用组合件来实现同样的功能。带有两个偏心小轴的凸缘，加工难度较大，将小轴采用组合方式装配上去，既可以改善工艺性，又不会失去原有功能；二燕尾槽滑轨加工时有一定难度，容易损坏刀具，如果设计成组合式结构，对加工要求就简单多了。粘接件由于粘接的强度比焊接低，因此设计时应有较大的粘接面积，与铸件、焊接件的结构有明显的不同。

（二）装配输送的结构

装配可靠、方便、省力一直是人工装配所希望的；同时随着装配自动化程度的

提高，装配自动生产线以及装配机器人对结构形状的识别也提出了构型的要求。

例如，一种易装拆的 V 带轮，带轮由带锥孔的轮毂和带外锥的轴套组成。这种带轮对轴的加工要求较低，连接可靠，装拆方便，不需要笨重的拆卸工具，不同的轴径只需要更换不同的轴套，所以也扩大了带轮的通用性。

再如，一种弹性活销联轴器的结构，该联轴器最突出的优点之一是只需要一次对中性安装，当更换弹性元件时，不需要移动半联轴器，减少了工时，提高了效率。该联轴器特别适合于轴线对中安装困难，又要求节省工时的场合。

对那些外形相似或差别很小不容易识别的结构，设计时需要在外形上进行巧妙构造，使其造型既不影响结构功能，又容易被识别。如左、右旋螺栓，从外形上很难识别，结构构型时，可以将左旋螺栓头设计成方形。对螺栓连接的螺母装配，采用对称结构形状的螺母，不必判别方向，装上即可，这给自动化装配带来方便，可以省去判别方向的过程。

（三）简单结构

只有精炼的、简单的才是设计的进步，也是设计者的愿望。

1. 连接结构的简化

例如，塑料结构的强度较差，用螺纹连接塑料零件很容易损坏，并且加工制造、安装装配都比较麻烦。若充分利用塑料零件弹性变形量大的特点，可以使装配过程变得简单、准确、操作方便。

2. 铰链结构的简化

由金属制成的铰链结构比较复杂，对常用的载荷很小的铰链结构若用塑料制作就可以将结构大大简化。

（四）宜人结构

宜人结构是指机械设备的结构形状应该适合人的生理和心理要求，使得操作安全、准确、省力、简便，减轻操作的疲劳，提高工作效率。

1. 减少操作疲劳的结构

结构设计与构型时应该考虑操作者的施力情况，避免操作者长期保持一种非自然状态下的姿势。如各种手工操作工具进行结构形状的改进，改进前结构形状呆板，操作者使用时长期处于非自然状态，容易疲劳；改进之后，结构形状柔和，操作者在使用时基本处于自然状态，长期使用也不觉疲劳。

2. 提高操作能力的结构

一般人的右手握力大于左手，握力与手的姿势与持续时间有关，当持续一段时间后握力显著下降。推拉力也与姿势有关，站姿前后推拉时，拉力要比推力大；站姿左右推拉时，推力大于拉力。脚力的大小也与姿势有关，一般坐姿时脚的推力大，当操作力超过50N时宜选脚力控制。用手操作的手轮、手柄或杠杆外形应设计得使手握舒服，不滑动；用脚操作最好采用坐姿，座椅要有靠背，脚踏板应设在座椅前正中位置。

3. 减少操作错误的结构

应力求使操作零件位于操作者的手或脚够得着的位置；应给操作者提供一个可减轻疲劳的座位，指示仪表在操作者视野范围内。

4. 外形与色彩

零件的外形应与零件的功能、材料、载荷特点、加工方法相适宜，同时也要适应人的反应。例如减速箱的功能是放置轴及传动齿轮，同时还要作为轴的支撑与油箱。其材料常用铸铁，加工过程有铸造、镗孔、铣平面、钻孔等。箱座的外形常被设计成长方体，安装轴承的支撑处设有加强肋，和箱盖和地面结合处设计成凸缘状，为安装起运方便还应设计吊耳或吊环等。

在满足使用功能、加工条件、材料特性外，还要考虑外形的均衡、稳定。一般产品的外形多为对称布置，例如各种轮形零件的腹板孔常设计成4个或者6个，并对称分布；花键的键槽也是对称分布。

外形稳定主要体现在上小下大、上轻下重、重心较低，为了让人产生稳定感，经常会采用附加的或扩大支承面来实现稳定。机械产品的配色一方面要考虑色彩要与零部件的功能相适应，另一方面还要考虑与环境相协调。例如示警色彩要鲜明，一般采用黄色或红色，如消防车用红色、工程车采用黄色。对于机器中的危险部分，如外露的齿轮、自动报警开关等可局部涂上鲜艳的橙色。为了有洁净感，色彩应比较素雅，如医疗与食品常采用白色或淡蓝色。为有凉爽感，如冰箱、风扇等，多用冷色。为了隐蔽，色彩要与环境相似，所以军用机械多采用绿色和迷彩颜色。

对于机身、机座常采用套色的做法，一般是二套色。例如机床，为使操作者心情愉快，主色调一般采用鲜艳色彩，辅助色则与及其功能相适应，应能反映出机器的造型和结构特征。故机床一般采用浅灰与深灰，奶白与苹果绿，苹果绿与深紫的套色方法。

5. 有利于生产安全和使用安全的结构

机器或零件的外形结构有时还影响到人身安全。例如，工作时人能够接触到的零件的边角通常要加工有倒角或圆角，以免刺伤人的皮肤；在旋转的零件上尽可能少一些凸起的结构，以防止人的长发或衣角被卷入，造成伤人事故；另外在一些容易伤到人的机器的结构设计上一定要考虑安全问题，例如在带传动中和砂轮机上都要增加防护罩结构等。

第三节 面向拆卸的设计

现代机电产品不但应具有良好的装配性能，还必须具有良好的拆卸性能。产品的可拆卸性是产品可回收性的重要条件，直接影响产品的可回收再生性。

"可拆卸是实现节约资源、保护环境和可持续发展的重要手段。"❶ 可拆卸的设计（DFD）是在产品设计过程中，将可拆卸性作为设计目标之一，使产品的结构便于装配、拆卸和回收，以达到节约资源和能源、保护环境的目的。

---

❶ 邹茜茜. 面向回收的绿色机电产品可拆卸性设计研究［J］ 林业机械与木工设备，2007（06）：36.

一、面向拆卸设计原则

（一）拆卸工作量最少原则

在满足使用要求的前提之，简化产品结构和外形，减少材料的种类且考虑材料之间的相容性，简化维护及拆卸回收工作。主要原则如下：

第一，零件合并原则。对于功能相似或者从结构角度可组合的零部件进行合并。

第二，减少种类原则。对于组成产品的材料种类应适当减少，从而简化拆卸工作程序。

第三，材料相容性原则。回收时对相容性好的材料可一并处理，不必进行拆卸分类。

第四，有害材料集成原则。要将有毒有害材料尽量集成在一起，从而方便拆卸和分类。

以工程塑料材料为例，由于该材料易于制成复杂零件，所以十分适于将多个零件的功能集中到一个零部件上，也就是集成零件的功能，这样做可以在很大程度上减少拆卸的工作量。

（二）结构可拆卸准则

尽量采用简单的连接方式，减少紧固件数量，统一紧固件类型，让拆卸过程具有良好的可达性及简单的拆卸运动。主要原则如下：

第一，采用易于拆卸或者破坏的连接方法。

第二，使紧固件数量最少。

第三，简化拆卸运动。

第四，拆卸目标零件易于接近。

以塑料件为例，粘接工艺通常不适合面向拆卸回收的设计，因为在拆卸时需要很大的拆卸力，而且其表面残余物在零件回收时很难去除。但是如果零件和黏合剂采用同一种材料，则可一起回收，可以用于面向拆卸回收的设计中。

（三）易于拆卸原则

提高拆卸效率，拆卸的可操作性和方便性是非常重要的。要求拆卸快、拆卸易于进行。主要原则如下：

第一，单纯材料零件原则。即尽量避免金属材料与塑料零件相互嵌入。

第二，废液排放原则。考虑拆卸前要将废液排出，所以在产品设计时，需留有易于接近的排放点。

第三，便于抓取原则。在拆卸部件表面设计预留便于抓取的部位，以便准确、快速地取出目标零部件。

第四，非刚性零件原则。为方便拆卸，尽量不采用非刚性零件。

例如，在拆卸汽车前，必须将汽车中的汽油或柴油、润滑油等废液排出，以免拆卸使这些废液遍地横流，造成环境污染和影响操作安全，因此，在进行汽车设计时，要设置合理的排放口位置，使这些废液能方便并且完全地排出。

（四）易于分离原则

在设计产品时，应考虑尽量避免零件表面的二次加工（如油漆、电镀、涂覆等）、零件及材料本身的损坏、回收机器（如切碎机等）的损坏，并为拆卸回收材料提供便于识别的标志。既不破坏零件本身，也不破坏回收机械。主要原则如下：

第一，一次表面原则。零件表面尽量一次加工而成。

第二，便于识别原则。给出材料的明显识别标志，利于产品的分类回收。

第三，标准化原则。选用标准化的元器件和零部件，利于产品的拆卸回收。

第四，采用模块化设计原则。模块化的产品设计，利于产品的拆卸回收。

第五，产品结构可预估性准则。避免将易老化或者易被腐蚀的材料与需要拆卸、回收的材料零件组合；要拆卸的零部件应防止被污染或腐蚀。

例如，明显的材料回收标志易于分离和分类回收；模压标志是将识别标志制作在模具上，然后复制到零件表面；条形识别标志是将识别标志用模具或激光方法制作在零件上，这类标志便于自动识别；颜色识别标志是用不同的颜色表明不同的材料。

二、可拆卸连接结构设计

可拆卸连接结构设计指的是以绿色设计要求为准则，以提升零部件连接结构的可拆卸性为目的，通过可拆卸设计方法，对于零部件连接方案进行创新设计，或者对已有的连接结构进行改进的产品设计过程。

可拆卸连接结构设计的方法主要包括两大类：有连接结构改进设计及快速拆卸连接结构设计。

（一）连接结构改进设计

连接结构改进设计主要是对传统的连接，如螺纹连接、销连接、键连接等进行连接结构或连接方式的改进设计。连接结构改进设计的主要要求如下：

第一，遵循可拆卸连接结构设计准则。

第二，保证连接强度及可靠性。

第三，遵循结构最少改进原则，即对原有的结构以最少的改进，得到最大拆卸性能改善。

第四，遵循附加结构原则，即采取必要的附加结构使拆卸容易。

（二）快速拆卸连接结构设计

1. 传统连接方式快速拆卸设计

传统连接方式的快速拆卸设计主要是指改进或创新传统的连接形式，让其具备快速拆卸的性能。传统连接方式快速拆卸设计的主要要求如下：

第一，遵循可拆卸连接结构设计准则。

第二，保证连接强度和可靠性原则。

第三，对于标准件等结构参数尽量不改变原则。

第四，结构简单、成本低廉原则。

第五，结构替代原则。

2. 主动拆卸连接结构设计

主动拆卸又称智能材料的主动拆卸（ADSM）技术。是一种代替传统的螺纹等连接方式，可以自行拆解、主动拆卸连接结构的技术。

（1）主动拆卸连接结构的特点。主动拆卸方法是利用形状记忆合金（SMA）或形状记忆高分子材料（SMP）在特定环境下能自动恢复原状的形变特性，在产品装配时将其置入零部件连接中，当需要拆卸回收产品时，只需要将产品置于一定的激发条件（如提高温度等）下，产品零件会自行拆解。

（2）主动拆卸连接形式。

SMA 型：铆钉、短销，开口销，弹簧，薄片，圆管等。

SMP 型：螺钉、螺母、铆钉，垫圈、卡扣等。

（3）主动拆卸连接结构设计的方法。

第一，设计产品的初始结构。

第二，根据该初始结构和产品的使用环境选择合适的材料。

第三，设计适当的主动拆卸连接结构。

三、卡扣式结构设计

卡扣式（SF）连接结构是一种能快速拆卸的连接结构，主要应用在塑料件与塑料件之间、塑料件与金属件之间。因为 SF 结构与零件一起成形，材料的选择是 SF 结构设计的重要因素。

SF 连接结构的类型通常有悬臂梁型和空心圆柱型两种形式。

SF 连接结构的优点包括：减少紧固件及零件的数量、缩短结构的装配时间，便于拆卸、在某些地方可替代螺栓等紧固件连接、可使拆卸工具的种类和数量减少。

第四节　面向回收的设计

面向回收的设计是主要针对产品生命周期报废处理阶段的设计方法。处理报废产品最好的方法是将其回收利用。产品的回收利用有两条途径：一是增加回收利用设施和技术，但是总共有 10% ~ 20% 的费用和收益能通过对其进行优化来实现，而其余 70% 的费用在设计阶段就已经被确定；二是设计利于回收的产品。

一、面向回收的产品设计组成

在产品的整个生命周期中，设计阶段与回收阶段是至关重要的两个环节。一个具体产品的设计决定了其生命周期结束后拆卸与处理的方法。在产品的设计阶段，所有设计数据、信息都是理想的确定值，到回收阶段时，产品本身所有数据与信息都具有不确定性，必须再进行动态回收规划。同时，最终的拆卸技术和处理信息也影响着产品的设计，需及时向设计阶段进行回收信息的反馈。所以，面向回收的产品设计是产品设计子系统与产品回收子系统的有机组成。

（一）产品设计子系统

面向制造设计与面向装配设计方法早已在生产企业接受和推广。面向回收设计的产品开发与研究很快也将受到生产企业的普遍应用，面向回收设计主要针对产品设计与环境影响两方面考虑。

1. 基于实例的产品设计

在完成当前设计时，设计师通常不会完全从头开始，而是会将以往的设计经验作为依据。基于实例推理技术，可以实现实例的产品设计，主要有三个步骤：①提出问题；②找到相似实例；③修改实例直至满足设计要求。

实例最主要的作用是能够帮助设计人员对产品的未知信息有一定的了解，有利于及时处理；同时还可以为设计人员提供重要的参考，设计人员可以以相似实例为基础做设计修改，在系列化、模块化产品设计之中，实例的作用更加凸显。

2. 产品零部件之间的联接技术

产品结构的可拆卸性能对产品的回收和重复利用有着极大的影响，提高可拆卸性能可以使这一工作更加有效，大大节约制造的时间和消耗的能源，既节省了成本，又做到了绿色环保。而决定着产品可拆卸性能的关键则是联接技术，因此，在产品结构设计过程中必须要充分考虑零部件之间的联接方式，进而达到以下几个目的：

（1）减少产品的结构层次、简化拆卸操作；

（2）减少拆卸、工作量；

（3）选择适当的联接方式、避免辅助操作；

（4）减少零件的多样性。

3. 产品零部件的材料选择

在以往的传统产品设计中，选择材料时对环境的考虑比较少，因此无论是制造、使用还是回收、重复利用过程都或多或少地对环境造成了危害。如今，随产品对环境性能要求的不断提升，材料的选择应按照以下准则进行：

（1）考虑到材料的可相容性，减少所使用的材料种类；

（2）尽可能使用再生材料；

（3）材料易于辨别、分类；

（4）避免使用对环境产生危害和污染的材料。

（二）产品回收子系统

在生命周期结束后的废旧产品回收过程，主要问题是回收大量由不同企业制造于不同日期的废旧产品，即使功能、结构完全相同的产品，由于使用阶段的影响，其最终回收状况也大不一致，相对产品设计阶段的静态回收评价，废旧产品到此阶段所表现出的不确定性也大大增加，从产品本身来讲，腐蚀、变形及老化等是主要影响回收与拆卸的根本因素。

除了产品本身的不确定性外，废旧产品的回收程度，还应考虑回收工艺条件与产品零部件的市场需求。由于一般产品具有一定时间的使用期，随着时间推移，回收工艺在不断变化、提高，同时废旧产品的用户也在追求款式、功能不断更新的产品。因此，废旧产品将面临市场需求的挑战，由此导致产品回收目标的不确定。

回收子系统也有明确遵循的目标、严格的拆卸序列与回收程度取决于零部件重用或者材料的价值。通过产品的最终价值分析，决定整个产品的拆卸序列、工具、夹具和拆卸时间。

在产品回收阶段，必须考虑产品、市场状况与回收工艺等诸因素之间的相互影响。由于在产品回收、拆卸、处置之间，产品还存在着诸多的不确定性，所以面向回收设计的产品回收子系统，必须考虑下列因素：

第一，可得到的产品信息类；

第二，以前产品回收过程中的经验积累；

第三，回收法规要求；

第四，市场对重用零部件的需求；

第五，对于回收后的产品或零部件，必须考虑消费者心理和价格承受能力。

产品最终回收决策取决于产品本身和回收再生工艺、需要积累大量的经验。如果市场变化或者回收工艺更新极大，那么，同一产品也会面临不同回收层次的决策和选择。

二、产品回收的经济性分析

（一）费用－收益价方法

为了对 DFR 进行评估，可以利用回收费用－收益模型对产品回收的经济性进行评价。用费用－收益模型进行评估，其结果准确、直观，能经济地对绿色设计进行考虑，确定产品回收的程度。但其数据采集工作量大，计算复杂，费用昂贵，并只能对现有产品进行评估，但对于新产品设计、分析所需的大量数据很难获得。该方法未对环境影响直接作出评估，主要是从经济角度出发。

（二）效用理论

效用理论是费用－收益模型的拓展，它利用图的方法，在 AND/OR 图上加人回收方式等信息对产品回收的多目标进行优化、并同时考虑产品回收将来可能出现的不确定性。零件、拆卸操作、各拆卸步骤之间关系和全部零部件的可拆卸程度都在一张 AND/OR 图上表示，如果在拆卸一个部件之前需拆卸其他的部件，也会在 AND/OR 图上标明。

（三）基于动作的费用评价方法

用动作对产品回收的费用进行评价是基于动作的费用评价方法。传统的费用估计系统假设每个所给产品的回收都要消耗资源，然而基于动作的评价法则认为产品回收或维修服务不直接使用资源，而是消耗动作、因此产品的回收费用就等于全部所需执行动作的费用的总和。

环境问题很难直接转换为金钱价值，而使用基于动作的评价方法则能够弥补费用评价方法标准不统一、工作量大的不足，准确追踪发生的直接或间接费用，从而找出费用较高的部件，不过要注意的是，要获取动作信息并确定和估计也并非易事。

第五节　面向质量的设计

面向质量的设计是仍在不断发展与完善中的新兴理论，因此，人们对其的定义各不相同，研究内容也涉及多个方面，在不同的抽象级上，人们对面向质量的设计有着不同的理解。目前，国际范围内比较流行的认识是：面向质量的设计指的是建立一个知识系统，这个系统能够为设计者在实现所要求的质量方面提供所需知识。

一、面向质量的设计工具

面向质量的设计是近些年来在现代设计思想、方法的基础上提出并发展起来的，一些早已有的、比较成熟的面向质量的设计方法、工具及面向质量的设计思想指导下新开发的方法、工具构成了面向质量的设计领域的强大的方法、工具库。面向质量的设计对应每设计阶段都有相应的三个过程：确定质量目标、质量分解与合成、质量评价与决策。面向质量的设计的工具也相应分为下列三类：

（一）确定质量目标的工具

目前常用的工具是质量功能配置（QFD）。确定质量目标就是要确保以顾客需求来驱动产品的设计和生产，具体做法是采用矩阵图解法，通过定义"做什么"和

"如何做"将顾客要求逐步展开，逐层转换为设计要求、零件要求、工艺要求及生产要求。

面向质量的设计的基本工具是质量屋（HOQ）。质量屋是由若干个矩阵组成的样子像一幢房屋的平面图形。

质量屋包括了反映产品设计要求的行矩阵、反映顾客要求的列矩阵、表示设计要求与顾客要求之间关系的矩阵。质量屋的屋顶是个三角形，表示各个设计要求之间的相互关系。质量屋还包括计划开发的产品竞争能力的市场评估矩阵，矩阵中既要填写本企业产品的竞争能力的评估数据，也要填写主要竞争对手竞争能力的评估数据。质量屋底部是技术和成本评估矩阵，矩阵中的数据都是相对于设计要求的，矩阵中包括了本企业产品和主要竞争对手产品的技术和成本估价数据。

质量屋不仅可以用于产品计划阶段，它还可以应用在产品设计阶段（包括部件设计和零件设计）、工艺设计阶段、生产计划阶段和质量控制阶段，一系列的相互关联的质量屋就构成一个完整的面向质量的设计系统。

面向质量的设计系统在设计阶段用以保证将顾客的要求准确转换成产品定义（产品具有的功能和性能，实现这些功能和保证这些性能的机构和零部件的形状、尺寸、内部材质及表面质量等）；在生产准备阶段和生产加工阶段，面向质量的设计系统可以保证将产品定义准确转换为产品制造工艺规程和制造过程，以确保制造出来的产品能满足顾客的要求。也就是说，面向质量的设计系统可以保证将顾客的需求较准确地转移成产品。工程特性直至零部件的加工装配要求，取得保证产品质量、增强产品竞争力的效果。

面向质量的设计系统能够在正确应用的基础上保证在产品生命周期内，顾客的要求不会被曲解，避免功能缺失或者功能冗余的情况出现，减少了产品的工程修改，降低使用中的运行和维修消耗。

（二）实现质量分解与合成的工具

目前有多种方法被用来实现质量分解与合成，其中较典型的是三次设计法。它又称田口方法。

田口方法将产品和过程设计分为以下三个阶段：

1. 系统设计

系统设计是应用相关科学理论和工程知识，进行产品功能原理设计，产生关于该产品的新的概念、思想和方法，形成产品的整体结构和功能属性或过程的总体方案，即确定产品的形态和特性，并且选择最恰当的加工方案和工艺路线。

2. 参数设计

参数设计是确定产品的最佳参数（如部件的运动速度、零件的尺寸等）和过程的最佳参数（如加工零件的切削用量、热处理的温度等），来达到产品性能最优化的目标。

3. 公差设计

公差设计是在各参数确定的基础上，进一步确定这些参数的公差，即参数的允许变动范围。公差太大会影响产品输出特性，公差太小又会导致加工难度大，制造成本增加，公差设计的实质是在成本和性能之间合理的平衡。

（三）评价决策方法和工具

评价决策问题的普遍性、重要性，使它已经成为最活跃的研究领域。各种各样定量、定性的评价决策方法应运而生，这些方法大部分都是用于详细的、具体的产品模型产生之后，尚缺乏适用于设计早期的评价方法。例如失效模式影响分析法、故障树分析法等常见的评价方法。

二、面向质量的设计的关键技术

（一）面向质量的设计系统信息处理过程建模

产品的结构和功能日益复杂后，随之而来的就是现代产品设计的不断改变，所涉及的领域越来越多，所涉及的学科越来越广，设计不断增加复杂性和综合性，逐渐成为了知识的集成。面向质量的设计本质就是模块化、系统化的设计过程，通过模块间的前馈作用和模块内的反馈作用形成反复迭代，使任意一步的输出都符合质量要求。由此可见，面向质量的设计必须以正确的信息集成和良好的过程管理为基础，面向质量的设计能否有效实施就在于信息处理过程的管理、协调和控制是否到位。

（二）基于知识的专家系统的研究

设计领域中，对确定尺寸等量的设计研究要比对构思方案等质的设计研究多。目前，传统设计仍然占据设计中的主要地位，而传统设计更多的时候是依赖于经验与直觉，系统化和规范化程度较低。为方便设计，就需要建立以知识为基础的专家系统，系统中包含不同的设计基本型、设计记录、性能记录、设计推理与决策等内容，这些都将成为宝贵经验，为设计人员提供必要的参考，使设计人员不需要每一次都从头开始，而是可以根据要求选择设计基本型，在此基础上修改，还可以直接选择以前的部件，进而大大缩短设计和制造的时间，同时也保证了产品的质量。

（三）设计模型的建立

确定设计变量是设计者最主要的任务之一。确定设计变量需要数学模型或者试验模型的辅助，目标函数及约束条件的建立、试验涵盖范围、试验次数等都直接影响着设计质量。尤其是在设计的早期，信息较为模糊不确定的阶段，怎么利用有限的信息并根据顾客的要求来建立符合原理的求解模型是十分重要的内容。

第五章　机械设计制造技术的自动化设计

第一节　机械产品设计自动化的理论

"近些年来，我国的机械加工制造业已进入了快车道时代。工业化、数字化水平迅速提升，促进了我国机械自动化产业的迅猛发展。"[1] 随着科学技术的不断发展，无论在工业、农业、交通运输，还是在通信、宇航等各个领域，自动化机械设备及其生产线随处可见，起到的作用越来越重要，已经把人们从繁重的体力劳动中解放出来。人类在工农业生产活动中，发明和创造了各式各样的机器（机械），用于代替人完成各种各样的生产劳动，这也使得机器与人类组成了一个"人机"系统。自动机械是一个相对的概念，在"人机"系统中，如果人参与的程度高，则机器的自动化程度低；反之，则机器的自动化程度高。从这个意义上来讲，目前人类所使用的任何一部机器，都可称为自动机械，只不过自动化程度高低不同而已，下面讨论的是自动化程度比较高的机械。

一、自动机械的特点及应用

自动机械的最大特点是自动化程度高、操作人员的劳动强度低、生产效率高。另外，自动机械所完成的工艺动作一般比较多，因此自动机械往往由多个工艺执行

---

① 梁启东. 机械自动化设计与制造存在的问题分析与对策思考 [J]. 内燃机与配件，2021（01）：146.

109

机构组成，结构也就相对复杂。不同的工农业生产部门使用着不同种类的机械，例如农业机械、重工业机械、轻工业机械等，按照自动机械的定义，这些机械都可称为自动机械，但不同部门所使用的机械有各自不同的特点，就轻工业部门所使用的轻工业自动机械来讲，具有下列特点：

（一）加工对象多样化

除少数与普通机械制造业同类型的自动机械，如钟表、缝纫机、自行车和家用电器等耐用消费品的加工机械是以金属材料为主要加工对象外，绝大多数自动机械是以农、林、牧、副及化工产品等非金属材料作为加工的原料。例如食品机械中的糕点机械以农产品为主要原料；罐头、酿造机械以农，副、渔产品为主要加工原料；制浆造纸机械以林产品和农副产品为原材料；皮革机械以畜产品为主要原料；陶瓷、玻璃、塑料机械则以矿物、化工产品为原料。

（二）工艺方法多样化

由于加工对象的多样化，对于加工工艺就有不同的要求，所以工艺方法比较多，例如：采用纯物理机理作用的有烟草机械中的润叶机、真空处理机、各种烘干机等；采用物理中的力（机械）作用的有皮革片皮机、灯泡绕丝机、陶瓷滚压成型机和多数农业自动机械等；完成化学作用的如造纸蒸煮钢、金属熔炼机、各种轻化工机械等；完成化学中的电化学作用的如电镀、电腐蚀设备等；完成生物化学作用的如食品发酵设备等；综合作用型，即上述几种工艺方法的组合，如皮革熨皮机和转鼓等。

（三）生产量大、机器自动化程度高

轻工业产品一般是大批量生产，必然要求广泛采用半自动化、自动化的机器或自动生产线。

（四）机器的工作速度高，更新换代较快

如卷烟机、包装机等轻工机械不断向高速化发展，因而机器构件的疲劳与振动

问题比较突出。这就要求在设计机器时应综合运用有关运动学、动力学、机构学、CAD 以及现代设计理论与方法，以保证机器获得最佳的工作性能。

一般地，机械根据用途不同，可分为动力机械、运输机械、加工机械等，加工机械一般输入给机器的是原料或在制品，完成加工后一般是成品，加工中主要以改变在制品的形态为主，往往要求的工艺动作比较复杂，宜采用自动机械进行生产，所以自动机械广泛应用于各种加工业，例如轻工业、纺织工业、包装业等。事实上，各个行业、各种机械都朝着自动化机械方向发展。

二、设计自动化理论进展

基于计算机完成主要设计任务的产品设计自动化，其前提是具有可操作的设计自动化模型。为了使设计程式化不影响设计过程的创造性，这种自动化模型本身必须具有高度的灵活性和通用性。由于产品设计活动的复杂性，尚没有公认的、涉及整个设计过程的、可操作的理论指导。

实现产品设计自动化，理论上需要解决几个世界公认的难题，主要包括下列问题：

第一，设计的本质。设计的本质要求是要根据需要创造性地解决问题，这种本质认识要高度抽象、适用于设计的不同类型与不同阶段。

第二，设计的表示。对应统一的设计本质，需要相应的表示方法，要求该方法能支持设计全过程、各种设计类型和设计对象，这里的难点是上层设计的抽象功能与下层设计的形象表示的统一。

第三，产品的模型。由于产品世界和设计过程的复杂性，要解决产品设计自动化，需要理论性强的产品模型，以大大简化设计问题。

第四，设计过程模型。目前的设计过程理论内容主要面向具有设计知识和经验的设计人员使用。由于传统设计工作过程的神秘性、模糊性，缺乏可操作的设计过程理论。

第二节　自动化制造系统技术方案

一、加工装备自动化

数控机床是一种高科技的机电一体化产品，是由数控装置、伺服驱动装置、机床主体和其他辅助装置构成的可编程的通用加工设备，它被广泛应用在加工制造业的各个领域。加工中心是更高级形式的数控机床，它除具有一般数控机床的特点外，还具有自身的特点。

（一）数控机床

数字控制，简称数控。数控技术是近代发展起来的一种用数字量及字符发出指令并实现自动控制的技术。采用数控技术的控制系统称为数控系统。装备了数控系统的机床就成为数字控制机床。

数字控制机床，简称数控机床，它是综合应用了计算机技术、微电子技术、自动控制技术、传感器技术、伺服驱动技术、机械设计和制造技术等多方面的新成果而发展起来的，采用了数字化信息对机床运动及其加工过程进行自动控制的自动化机床。

数控机床改变了用行程挡块和行程开关控制运动部件位移量的程序控制机床的控制方式，不但以数字指令形式对机床进行程序控制和辅助功能控制，并对机床相关切削部件的位移量进行坐标控制

与普通机床相比，数控机床不仅具有适应性强、效率高、加工质量稳定和精度高的优点，而且易实现多坐标联动，能加工出普通机床难以加工的曲线和曲面。数控加工是实现多品种、中小批量生产自动化的最有效方式。

1. 数控机床的组成

数控机床主要是由信息载体、数控装置、伺服系统、测量反馈系统和机床本体

等组成。

（1）信息载体。信息载体又称控制介质，它是通过记载各种加工零件的全部信息（如每件加工的工艺过程、工艺参数和位移数据等）控制机床的运动，实现零件的机械加工。常用的信息载体有纸带、磁带和磁盘等，信息载体上记载的加工信息要经输入装置输送给数控装置。

常用的输入装置有光电纸带输入机、磁带录音机和磁盘驱动器等。对于用微型机控制的数控机床，也可用操作面板上的按钮和键盘将加工程序直接用键盘输入到机床数控装置，并在显示器上显示。随微型计算机的广泛应用，穿孔带和穿孔卡已被淘汰，磁盘和通信网络正在成为最主要的控制介质。

（2）数控装置。数控装置是数控机床的核心，它由输入装置、控制器、运算器、输出装置等组成，功能是接受输入装置输入的加工信息，经处理与计算，发出相应的脉冲信号送给伺服系统，通过伺服系统使机床按预定的轨迹运动。它包括微型计算机电路、各种接口电路、CRT 显示器、键盘等硬件及相应的软件。

（3）伺服系统。伺服系统的作用是把来自数控装置的脉冲信号转换为机床移动部件的运动，使机床工作台精确定位或按预定的轨迹作严格的相对运动，最后加工出合格的零件。

伺服系统包括主轴驱动单元、进给驱动单元、主轴电动机和进给电动机等。一般来说，数控机床的伺服系统，要求有好的快速响应性能，以及能灵敏而准确地跟踪指令功能。现在常用的是直流伺服系统及交流伺服系统，而交流伺服系统正在取代直流伺服系统。

2. 数控机床的加工过程

数控加工工艺是随着数控机床的产生、发展而逐步建立起来的一种应用技术，是通过大量数控加工实践的经验总结，是数控机床加工零件过程中所使用的各种技术、方法的总和。

数控加工工艺设计是对工件进行数控加工的前期工艺准备工作。无论手工编程还是自动编程，在编程前都要对所加工的工件进行工艺分析、拟定工艺路线、设计加工工序等工作。因此，合理的工艺设计方案是编制数控加工程序的依据。编程人员必须首先做好工艺设计工作，然后再考虑编程。

数控机床加工的整个过程是由数控加工程序控制的，因此其整个加工过程是自动的。加工的工艺过程、走刀路线及切削用量等工艺参数应正确地编写在加工程序中。

因此，数控加工就是根据零件图及工艺要求等原始条件编制零件数控加工程序，输入机床数控系统，控制数控机床中刀具与工件的相对运动及各种所需的操作动作，从而完成零件的加工。

（二）加工中心

加工中心是一种备有刀库并能按预定程序自动更换刀具，对工件进行多工序加工的高效数控机床。加工中心与普通数控机床的主要区别在于它能在台机床上完成多台机床上才能完成的工作。

加工中心问世以来，世界各国出现各种类型的加工中心，它的组成主要有以下部分：

1. 基础部件

基础部件是加工中心的基础结构，由床身、立柱和工作台等组成，它用来承受加工中心的静载荷以及在加工时产生的切削负载，必须要具有足够高的静态和动态刚度，通常是加工中心中体积和质量最大的部件。

2. 主轴部件

主轴部件由主轴箱、主轴电动机、主轴和主轴轴承等零件组成。主轴的启停等动作和转速均由数控系统控制，并且通过装在主轴上的刀具进行切削。

主轴部件是切削加工的功率输出部件，也是影响加工中心性能的关键部件。

3. 数控系统

加工中心的数控部分由 CNC 装置、可编程序控制器、伺服驱动装置以及电动机等部分组成，它是加工中心执行顺序控制动作及控制加工过程的中心。

4. 自动换刀系统

自动换刀系统由刀库、机械手等部件组成。当需要换刀时，数控系统发出指令，由机械手（或其他装置）将刀具从刀库中取出并装入主轴孔。

加工中心作为柔性制造单元，能连续自动加工复杂零件，加工能力强、工艺范围广。刀库的容量大，存储的刀具多，让机床的结构复杂。若刀库容量小，存储的刀具少，就不能满足工艺上的要求。刀库中刀具数量的多少又直接影响加工程序的编制。编制大容量刀库的加工程序的工作量大、程序复杂。所以刀库容量的配置有一个最佳的数量。

5. 辅助装置

辅助装置包括润滑、冷却、排屑、防护、液压、气动和检测系统等部分。这些装置虽然不直接参与切削运动，但对于加工中心的加工效率、加工精度及可靠性起着保障作用，也是加工中心中不可缺少的部分。

6. 自动托盘交换系统

有的加工中心为进一步缩短非切削时间，配有两个自动交换工件的托盘，个安装工件在工作台上加工，另一个则位于工作台外进行工件装卸。当一个工件完成加工后，两个托盘位置自动交换，进行了下一个工件的加工，这样可以减少辅助时间，提高加工效率。

二、物料供输自动化

在机械制造中，材料的搬运、机床上下料和整机的装配等是薄弱环节，这些工作的费用占全部加工费用的三分之一以上，所费的时间占全部加工时间的三分之二以上，而且多数事故发生在这些操作中。如果实现物流自动化，既可以提高物流效率，又能使工人从繁重而重复单调的工作中解放出来。

（一）重力输送系统

重力输送有滚动输送和滑动输送两种，重力输送装置一般需要配有工件提升机构。

1. 滚动输送

利用提升机构或机械手将工件提到一定高度，让其在倾斜的输料槽中依靠其自重滚动而实现自动输送的方法多用于传送中小型回转体工件，如盘、环、齿轮坯、销以及短轴等。

利用滚动式输料槽时要注意工件形状特性的影响，工件长度与直径之比与输料槽宽度的关系是一个重要因素。由于工件与料槽之间存在间隙，故可能因摩擦阻力的变化或工件存在一定锥度误差而滚偏一个角度，当工件对角线长度接近或小于槽宽时，工件可能被卡住或完全失去定向作用；工件与料槽间隙也不能太小，否则由于料槽结构不良和制造误差会使局部尺寸小于工件长度，也会产生卡料现象。允许的间隙与工件的长径比和工件与料槽壁面的摩擦系数有关，随着工件长径比增加，允许的最大间隙值减小。通常当工件长径比大于 3.5 ~ 4 时，以自重滚送的可靠性就很差。

输料槽侧板愈高，输送中产生的阻力愈大。但侧板也不能过低，否则若工件在较长的输料槽中以较大的加速度滚到终点，碰撞前面的工件时，可能跳出槽外或产生歪斜而卡住后面的工件。一般推荐侧板高度为 0.5 ~ 1 倍工件直径。当用整条长板做侧壁时，应开出长窗口，以便观察工件的运送情况。

输料槽的倾斜角过小，容易出现工件停滞现象。反之，倾斜角过大时工件滚送的末速度很大，易产生冲击、歪斜及跳出槽外等不良后果，同时要求输料前提升高度增大，浪费能源。倾斜角度的大小取决于料槽支承板的质量和工件表面质量，在 5° ~ 15°之间选取，当料槽和工件表面光滑时取小值。

对于外形较复杂的长轴类工件（如曲轴、凸轮轴、阶梯轴等）、外圆柱面上有齿纹的工件（齿轮、花键轴等）及外表面已精加工过的工件，为了提高滚动输料的平稳性及避免工件相互接触碰撞而造成歪斜、咬住及碰伤表面等不良现象，应该增设缓冲隔料块将工件逐个隔开，当前面一个工件压在扇形缓冲块的小端时，扇形大端向上翘起而挡住后一个工件。

2. 滑动输送

利用提升机构或机械手将工件提到一定高度，让其在倾斜的输料槽中依靠其自重滑动而实现自动输送的方法多用于在工序间或上下料装置内部输送工件，并兼做料仓贮存已定向排列好的工件。滑道多用于输送回转体工件，也可以输送非回转体工件。按滑槽的结构型式可分为 V 型滑道、管型滑道、轨型滑道及箱型滑道等四种。

滑动式料槽的摩擦阻力比滚动式料槽大，因此要求倾斜角较大，通常大于 25°。为了避免工件末速度过大产生冲击，可把滑道末段做得平缓些或采用缓冲减速器。

滑动式料槽的截面可以有多种不同形状，其滑动摩擦阻力各不相同。工件在 V 形滑槽中滑动，要比在平底槽滑动受到更大的摩擦阻力。V 形槽两壁之间夹角通常在 90°～120° 之间选取，重而大的工件取较大值，轻而小的工件取较小值。此夹角比较小时滑动摩擦阻力增大，对提高工件定向精度和输送稳定性有利。

双轨滑动式输料槽可以看成是 V 形输料槽的一种特殊形式。用双轨滑道输送带肩部的杆状工件时，为了使工件在输料过程中肩部不互相叠压而卡住，应尽可能增大工件在双轨支承点之间的距离。如采取增大双轨间距的方法容易使工件挤在内壁上而难于滑动，所以应采取加厚导轨板、把导轨板削成内斜面和设置剔除器及加压板等方法。

（二）链式输送系统

链式输送系统主要由链条、链轮、电机和减速器等组成，长距离输送的链式输送带也有张紧装置，还有链条支撑导轨，链式输送带除可输送物料外，也有较大的储料能力。

输送链条比一般传动链条长而重，其链节为传动链节的 2～3 倍，以减少铰链数量，减轻链条重量。输送链条有套筒滚子链、弯片链、叉形链、焊接链、可拆链、履带链、齿形链等多种结构形式，其中套筒滚子链和履带链应用较多。

链轮的基本参数已经标准化，可按国标设计。链轮齿数对输送性能有较大影响，齿数太少会增加链轮运行中的冲击振动和噪声，加快链轮磨损；链轮齿数过多则会导致机构庞大。套筒滚柱链式输送系统一般在链条上配置托架或者料斗、运载小车等附件，用于装载物料。

（三）辊子输送系统

辊子输送系统是利用辊子的转动来输送工件的输送系统，其结构比较简单。为保证工件在棍子上移动时的稳定性，输送的工件或者托盘的底部必须有沿输送方向的连续支撑面。一般工件在支撑面方向至少应该跨过三个辊子的长度。辊子输送机在连续生产流水线中大量采用，它不仅可以连接生产工艺过程，而且可以直接参与生产工艺过程，因而在物流系统中，尤其在各种加工、装配、包装、储运、分配等流水生产线中得到广泛应用。

辊子输送机按其输送方式分为无动力式、动力式、积放式三类。无动力输送的辊子输送系统依靠工件的自重或人力推动使工件送进。动力辊子输送系统由驱动装置通过齿轮、链轮或带传动使辊子转动，可以严格控制物品的运行状态，按规定的速度、精度平稳可靠地输送物品，便于实现输送过程的自动控制。积放式辊子输送机除具有一般动力式辊子输送机的输送性能外，还允许在驱动装置照常运行的情况下物品在输送机上停止和积存，而运行阻力无明显增加。

辊子是辊子输送机直接承载和输送物品的基本部件，多由钢管制成，也可以采用塑料制造。辊子按其形状分为圆柱形、圆锥形与轮形。

三、检测过程自动化

在自动化制造系统中，由于从工件的加工过程到工件在加工系统中的运输和存贮都是以自动化的方式进行的，因此为了保证产品的加工质量和系统的正常运行，需要对加工过程和系统运行状态进行检测与监控。

加工过程中产品质量的自动检测与监控的主要任务在于预防产生废品减少辅助时间、加速加工过程、提高机床的使用效率和劳动生产率。它不仅可以直接检测加工对象本身，也可以通过检验生产工具、机床和生产过程中某些参数的变化来间接检测和控制产品的加工质量，可以根据检测结果主动地控制机床的加工过程，使之适应加工条件的变化，防止废品产生。

（一）检测自动化的目的和意义

自动化检测不仅用于被加工零件的质量检查和质量控制，还能自动监控工艺过程，以确保设备的正常运行。

随着计算机应用技术的发展，自动化检测的范畴已从单纯对被加工零件几何参数的检测，扩展到对整个生产过程的质量控制，从对工艺过程的监控扩展到实现最佳条件的适应控制生产。因此，自动化检测不仅是质量管理系统的技术基础，也是自动化加工系统不可缺少的组成部分。在先进制造技术中，它还能更好地为产品质量体系提供技术支持。

值得注意的是，尽管已有众多自动化程度较高的自动检测方式可供选择，但并不意味着任何情况都一定要采用。重要的是根据实际需要，以质量、效率、成本的最优结合来考虑是否采用和采用何种自动检测手段，进而取得最好的技术经济效益。

（二）工件的自动识别

工件的自动识别是指快速地获取加工时的工件形状和状态，便于计算机检测工件，及时了解加工过程中工件的状态，以保证产品加工的质量。工件的自动识别可分为工件形状的自动识别和工件姿态与位置的自动识别。

对于工件形状的检测与识别有许多种方法，目前典型的并有发展前景的是用工业摄像机的形状识别系统。该系统由图像处理器、电视摄像机、监控电视机、一套计算机控制系统组成。其工作原理是把待测的标准零件的二值化图像存储在检查模式存储器中，利用图像处理器和模式识别技术，通过比较两者的特征点进行工件形状的自动识别。

如果能进行工件姿态和位置识别将对系统正常运行和提高产品质量带来好处。如在物流系统的自动供料的过程中，零件的姿态表示其在送料轨道上运行时所具有的状态。由于零件都具有固定形状和一定尺寸，在输送过程当中可视之为刚体。要使零件的位置和姿态完全确定，需要确定其六个自由度。当零件定位时，只要通过对其上的某些特征要素，如孔、凸台或凹槽等所处的位置进行识别，就能判断该零件在输送过程中的姿态是否准确。由于零件在输送过程中的位置和姿态是动态的，因此必须对其进行实时识别。而要实现该要求，必须满足不间断输送零件、合理地选择瞬时定位点及可靠的设置光点位置三个技术条件。

利用光敏元件与光点的适当位置进行工件姿态的判别是目前应用比较普遍的识别方法。这种检测方法是以零件的瞬时定位原理为基础的。瞬时定位点是指在零件输送的过程中，用以确定零件瞬时位置和姿态的特征识别点。识别瞬时定位点的光敏元件可以嵌置在供料器输料轨道的背面，利用在轨道上适当地方开设的槽或孔使光源照射进来。当不同姿态的零件通过该区域时，各个零件的瞬时定位点受光状态会有所不同。在对零件输送过程中的姿态进行识别时，主要根据是零件瞬时定位点的受光状态。受光状态和不受光状态分别用二进制码 0 及 1 来表示。

（三）工件加工尺寸的自动检测

机械加工的目的在于加工出具有规定品质（要求的尺寸，形状和表面粗糙度等）的零件，如果同时要求加工质量和机床运转的效率，必然要在加工中测量工件的质量，把工件从机床上卸下来，送到检查站测量，这样往往难以保证质量，而且生产效率较低。因此实施在工件安装状态下进行测量，即在线测量是十分必要的。

为了稳定地加工出符合规定要求的尺寸、形状，在提高机床刚度、热稳定性的同时，还必须采用适应性控制。在适应性控制里，如果输入信号不满足要求，无论装备多么好的控制电路，也不能充分发挥其性能，所以对于适应控制加工来说，实时在线检测是必不可少的重要环节。

此外，在数控机床上，一般是事先定好刀具的位置，控制其运动轨迹进行加工；而在磨削加工中砂轮经常进行修整，即砂轮直径在不断变化，所以，数控磨床一般都具有实时监测工件尺寸的功能。

第三节　机械制造中的自动化技术

一、机械制造自动化的分类

"机械制造自动化技术持续发展，其优势性逐渐在工业生产中展示出来，可以在提高生产设备维修操作便利性的同时，促进生产效率和生产质量的提升。"[1] 机械制造系统涉及的行业和领域非常广，无论从哪个出发点来分都是十分困难的，是按自动化应用范围分，还是按行业或领域分，或者是按规模的大小和复杂程度分都可以

---

[1] 赵刚. 机械制造自动化技术特点与发展趋势探析 [J]. 造纸装备及材料, 2022, 51 (07): 47.

罗列很多，但是这种统计分类似乎没什么意义。但如果按其产品生产类型的适应性特征来分，可以分为刚性自动化系统和柔性自动化系统。

（一）刚性自动化系统

刚性自动化系统是指系统的组织形式和组成是固定不变的，所完成的任务也是不可调整的。如大量大批生产中的自动线。

（二）柔性自动化系统

柔性自动化系统是指系统的组织形式和组成对所执行的任务具有适应性。其适应性表现为所执行的任务不是单一的固定不变的，而是在一定的范围内可调整的，可以变化的。如机械制造中的柔性制造系统。

二、刚性自动化技术

刚性自动化技术以刚性自动化物料储运系统为例进行介绍。刚性自动化的物料储运系统由自动供料装置、装卸站、工件传送系统及机床工件交换装置等部分组成。按原材料或毛坯形式的不同，自动供料装置一般可分为卷料供料装置、棒料供料装置和件料供料装置三大类。前两类自动供料装置多属于冲压机床和专用自动机床的专用部件。件料自动供料装置一般可以分为料仓式供料装置和料斗式供料装置两种形式。装卸站是不同自动化生产线之间的桥梁和接口，用于实现自动化生产线上物料的输入和输出功能。工件传送系统用于实现自动线内部不同工位之间或不同工位与装卸站之间工件的传输与交换功能，其基本形式有链式输送系统、辊式输送系统、带式输送系统。机床工件交换装置主要指各种上下料机械手及机床自动供料装置，其作用是将输料道来的工件通过上料机械手安装于加工设备上，加工完毕之后，通过下料机械手取下，放置在输料槽上输送到下一个工位。

自动供料装置一般由储料器、输料槽、定向定位装置和上料器组成。储料器储存一定数量的工件，根据加工设备的需求自动输出工件，经输料槽和定向定位装置传送到指定位置，再由上料器将工件送入机床加工位置。储料器一般设计成料仓式或料斗式。料仓式储料器需人工将工件按定方向摆放在仓内，料斗式储料器只需将工件倒入料斗，由料斗自动完成定向。料仓或者料斗一般储存小型工件，较大的工件可采用机械手或机器人来完成供料过程。

（一）料仓

料仓的作用是储存工件。根据工件的形状特征、储存量的大小以及与上料机构的配合方式的不同，料仓具有不同的结构形式。由于工件的重量和形状尺寸变化较大，料仓结构设计没有固定模式，一般把料仓分成自重式和外力作用式两种结构。

（二）拱形消除机构

拱形消除机构一般采用仓壁振动器。仓壁振动器使仓壁产生局部、高频微振动，破坏工件间的摩擦力和工件与仓壁间的摩擦力，从而保证工件连续地由料仓中排出。振动器振动频率一般为 1000 ~ 3000 次分。当料仓中物料搭拱处的仓壁振幅达到 0.3mm 时，即可达到破拱效果。在料仓中安装搅拌器也可以消除拱形堵塞。

（三）料斗装置和自动定向方法

料斗上料装置带有定向机构，工件在料斗中自动完成定向。但并不是所有工件在送出料斗之前都能完成定向。没有定向的工件在料斗出口处被分离，返回料斗重新定向，或由二次定向机构再次定向。因此料斗的供料率会发生变化，为保证正常生产，应使料斗的平均供料率大于机床的生产率。

（四）输料槽

根据工件的输送方式（靠自重或强制输送）和工件的形状，输料槽有许多形式。一般靠工件自重输送的自流式输料槽结构简单，但是可靠性较差；半自流式或强制运动式输料槽可靠性高。

三、机械 CAD/CAE 技术

（一）CAD 技术

CAD 是面向产品设计或者工程设计，使用计算机系统辅助设计者进行建模、修改、分析和优化的技术。具体来说，是在人和计算机组成的系统中，以计算机为辅助工具，通过人机交互方式进行产品设计构思和论证、产品总体设计、技术设计、零部件设计、有关零件分析计算（包括强度、刚度、热、电、磁的分析和设计计算等）、零件加工图样的设计和信息的输出，以及技术文档和有关技术报告的编制等，以达到提高产品设计质量、缩短产品开发周期、降低产品成本的目的。

CAD 技术是随着计算机的出现而兴起的一门多学科综合应用的技术，主要包含下列两个方面：

第一，产品或者工程几何外形的计算机描述、编辑和显示。例如，在计算机内部采用某种方式表示和显示一个立方体，或某个零件的外形，或某架飞机的外形；采用一定的方法对工件的外形根据需要进行修改；对于计算机中的几何模型，以某种方式显示在计算机屏幕上使得用户以最直观的视觉方式获得关于零件的尽可能多的信息，包括零件的显示颜色、放置方位和尺寸标注等。这方面的内容为 CAD 软件的研发人员和相关科研人员所重视。他们通常在工程应用需求的基础上，综合相关学科的知识（例如，微分几何解析几何、计算几何、数学分析、线性代数，以及某些特定学科的专业知识），设计一定的算法（例如曲线和曲面的构造算法），再用相关计算机语言写成程序模块，最后在诸多程序模块的基础上形成面向某些特定领域的 CAD 软件或者通用 CAD 软件。

目前，CAD 软件的研发分工已经非常精细，通常可以划分为两个主要领域：几何核心的开发和面向工程需求的软件开发。几何核心开发的一个主要内容是基于几何造型理论设计相关算法（例如曲线、曲面的等距，求交和裁剪的算法），再用计算机语言编程形成函数库。现在常用的几何核心有：Parasolid、ACIS 和 OpenCAS-CADE。Parasolid 为 UG、SolidWorks、CAXA 等 CAD 软件所用；ACIS 为 AutoCAD、CATIA 等软件所用；与前两款几何核心相比，Open – CASCADE 是开源，免费的函数库，可以用来开发中、小型软件。几何核心是 CAD 软件最重要的组成部分，决定着 CAD 软件的性能。面向工程需求的 CAD 软件运行的基本过程是：通过用户交互构造几何核心中相关函数所需要的运行条件，再调用这些函数进行计算，进而建立和修改所需要的工程对象的几何模型。

第二，以描述某个具体有形的对象（如工件、建筑物、服饰、动画形象等）为目的，利用相关的软件进行绘图或建立三维的几何模型。例如，利用 AutoCAD 绘制工程图，利用 CATIA 软件建立某个零件的三维模型，利用 3DMAX 软件建立某个动画形象的三维模型等。这方面的内容是某些特定领域的工程技术人员需要掌握的技能。例如，机械工程领域的相关人员可能需要熟练掌握 UG 或者 CATIA 的用法，土木工程领域的技术人员则需要利用 AutoCAD 软件绘制工程图，服装设计师则可能需要利用 DressAssistant 软件完成某款时装的设计和修改。这些特定工程技术领域的人员通常不需要掌握软件几何核心的基础理论，也无须编写开发软件，他们只需掌握这些软件的用法，完成他们所构想的几何模型的设计即可。

（二）CAE 技术

CAE 是指利用计算机辅助进行工程模拟分析、计算，主要包括有限单元分析法、有限差分法、最优化分析方法、计算机仿真技术、可靠性分析、运动学分析、动力学分析等内容，其中有限单元分析法在机械 CAD/CAE 中应用最为广泛。CAE 的主要任务是对机械工程、产品和结构未来的工作状态和运行行为进行仿真，及时发现设计中的问题和缺陷，保证设计的可靠性，实现产品设计优化，缩短产品开发周期，提高产品设计的可靠性，节省产品研发成本。CAE 技术是以现代计算力学为基础，以计算机数值计算、仿真为手段的工程分析技术，CAE 技术已成为机械 CAD/CAE 技术中不可或缺的重要环节。

（三）机械 CAD/CAE

机械 CAD/CAE 技术就是通过计算机及图形输入/输出设备进行机械产品的交互设计，并建立产品的数字模型，之后在统一的产品数字模型下进行结构的计算分析、性能仿真、优化设计、自动绘图。

机械 CAD/CAE 应包括以下方面的内容：

第一，建立机械产品所有零部件及各级部件和整机的三维 CAD 模型，并且使三维模型参数化，适合于变形设计和部件模块化设计。

第二，与三维 CAD 模型相关联的二维工程图。

第三，部件和整机的三维 CAD 模型能适合运动分析、动力分析和优化设计。

第四，机械 CAD/CAE 的过程就是基于三维 CAD 的产品开发体系建立的过程，要形成基于三维 CAD 的产品数据管理（PDM）结构体系。

第六章　机械设计制造技术的智能化设计

第一节　智能化设计方法和设计体系

一、智能设计系统的基本功能构成

（一）知识处理功能

"随着现代科技的不断发展，也对机械设计制造提出了更高的生产要求及标准，在机械制造过程中，只有严格按照相关标准和要求，才能真正实现绿色化、智能化、信息化发展。"[1] 设计过程是人的思维过程，是设计者综合运用自己所掌握的知识，并通过分析、计算、推理、判断、决策等思维方式获取满意设计结果的过程。因此。知识处理是智能设计系统的核心，它实现知识的组织、管理以及其应用，其主要内容包括以下方面：

第一，获取领域内的一般知识和领域专家的知识，并且将这些知识按特定的形式存放于系统中或外部存储器中，以供设计过程使用。

第二，对智能设计系统中的知识实行分层管理和维护。

第三，在设计过程之中根据需要提取在外部存储器中的知识，实现知识的推理

---

[1]　相艮飞. 机械设计制造及自动化技术的智能化发展探究［J］. 湖北农机化，2020（11）：136.

和应用。

第四，根据知识的应用情况对知识库进行优化。

第五，根据推理效果和应用过程学习新的知识，丰富知识库。

对智能设计系统而言，知识处理功能主要由设计型专家系统实现。

（二）分析计算功能

设计过程一般包含大量的分析计算，如设计对象的性能分析、强度校核及动态分析等。分析计算结果可以为设计者提供推理、判断和决策的依据。因此，一个完善的智能设计系统应提供丰富的分析计算方法，主要包括：①各种常用数学分析方法；②优化设计方法；③有限元分析方法；④可靠性分析方法；⑤各种专用的分析方法。

上述分析方法以程序库的形式集成在智能设计系统中，根据设计者的需要选用，因而可以极大提高智能设计系统的分析计算能力。

对某个特定的智能设计系统而言，可能并不需要上述所有分析计算方法，但是功能强大的分析计算方法库对扩充智能设计系统的设计能力是必不可少的。

（三）数据服务功能

设计过程实质上是一个信息处理和加工过程。大量的信息，如初始输入信息、中间生成信息、输出结果信息等以不同的数据类型和数据结构形式在系统中存在并根据设计需要进行流动，为设计过程提供服务。随设计对象复杂度的增加，系统要处理的信息量将大幅度地增加。为了保证系统内庞大的信息能够安全、可靠、高效地存储和流动，必须引入高效可靠的数据管理与服务功能，为设计过程提供可靠的服务。

数据管理与服务功能可以由通用的数据库管理系统实现，也可以由专用的工程数据库管理系统实现。由于通用数据库管理系统具有使用方便、安全可靠等特点，故在实用中受到广大用户的青睐。使用较为广泛的通用数据库管理系统有以下两类：

第一，中、小型数据库管理系统，如 FoxBase，Visual Dbasc，Visual Foxbase，Visual Foxpro，Paradoxo。

第二，大型、远程数据库管理系统，如 Sybase、Oracale、Informix 等，这类系统能够对庞大的数据库实施安全、可靠的管理。

（四）图形处理功能

图形是设计对象最直观的表现形式，尤其是三维实体图形，能更清晰地表达产品的几何形状、结构特征及装配关系。借助于二维、三维或三维实体图形，设计者在设计阶段便可以清楚地了解设计对象的形状和结构特点，还可以通过设计对象的仿真来检查其装配关系、干涉情况和工作情况，从而确认设计结果的有效性和可靠性。因此，强大的图形处理能力是任何一个 CAD 系统都必须具备的基本功能。

图形处理功能由各类图形支撑软件实现，CAD 系统中广泛使用的图形支撑软件有在微机上使用的 AutoCAD，CADKEY 和在工作站上使用的 Ⅰ - DEAS、UG Ⅱ，Pro/Engineer 等。这些软件能绘制机械、建筑、电气等领域内的一般性图样。随着计算机软硬件技术的飞速发展，许多微机上使用的通用绘图软件都增加了新的功能，如 AutoCAD 从 12 版本开始增加了三维造型功能（AME），最近又增加了三维实体功能（MDT），MDT 可以直接生成三维实体，并且可由三维实体生成二维图样，还具有三维实体装配功能。此外，许多工作站上使用的功能强大的图形软件也移植到微机上，如 L - DEAS，Pro/Engineer。

二、智能设计系统构造方法

（一）智能设计系统的复杂性

智能设计系统是一个人机协同作业的集成设计系统，设计者和计算机协同工作，各自完成自己最擅长的任务，因此在具体建造系统时，不必强求设计过程的完全自动化。智能设计系统与一般 CAD 系统的主要区别在于它以知识为其核心内容，其解决问题的主要方法是将知识推理与数值计算紧密结合在一起。数值计算为推理过程提供可靠依据，而知识推理解决需要判断，决策才能解决的问题，再辅以其他一些处理功能，如图形处理功能、数据管理功能等，进而提高智能设计系统解决问题的能力，智能设计系统的功能越强，系统将越复杂。

智能设计系统之所以复杂，主要是因为设计过程具有以下复杂性：

第一，设计是一个单输入多输出的过程。

第二，设计是一个多层次、多阶段及分步骤的迭代开发过程。

第三，设计是一种不良定义的问题。

第四，设计是一种知识密集性的创造性活动。

第五，设计是一种对设计对象空间的非单调探索过程。

设计过程的上述特点给建造一个功能完善的智能设计系统增添了极大的困难。就目前的技术发展水平而言，还不可能建造出能完全代替设计者进行自动设计的智能设计系统。因此，在实际应用过程中，要合理地确定智能设计系统的复杂程度，以保证所建造的智能设计系统切实可行。

（二）智能设计系统建造过程

建造一个实用的智能设计系统是一项艰巨的任务，通常需要具有不同专业背景的跨学科研究人员的通力合作。在建造智能设计系统时，需要应用软件工程学的理论和方法，使得建造工作系统化，规范化，进而缩短开发周期，提高系统质量。

1. 系统需求分析

在需求分析阶段必须明确所建造的系统的性质、基本功能、设计条件和运行条件等一系列问题。

（1）设计任务的确定。确定智能设计系统要完成的设计任务是建造智能设计系统应首先明确的问题，其主要内容包括确定所建造的系统应解决的问题范围，应具备的功能和性能指标、环境与要求，进度和经费情况等。

（2）可行性论证。一般是在行业范围内进行广泛的调研，对已有的或正在建造的类似系统进行深入考查分析和比较，学习先进技术，让系统建立在较高水平上，而不是低水平的重复。

（3）开发工具和开发平台的选择。选择合适的智能设计系统开发工具与开发平台，可以提高系统的开发效率，缩短系统开发周期，使系统的开发与建造建立在较高的水平之上。因此，在确定了设计问题范围后，应注意选择好合适的智能设计系统开发工具与开发平台。

2. 设计对象建模

建造一个功能完善的智能设计系统，首先要解决好设计对象的建模。设计对象信息经过整理、概念化，规范化，按照一定的形式描述成计算机能识别的代码形式，计算机才能对设计对象进行处理，完成具体的设计过程。

（1）设计对象概念化与形式化。设计过程实际上由两个主要映射过程组成，即设计对象的概念模型空间到功能模型空间的映射，功能模型空间到结构模型空间的映射。因此，如果希望所建造的智能设计系统能支持完成整个设计过程，就要解决好设计对象建模问题。以适应设计过程的需要。因此，设计对象概念化，形式化的过程实际上是设计对象的描述与建模过程。设计对象描述方法包括状态空间法，问题规约法等方法。

（2）系统功能的确定。智能设计系统的功能反映系统的设计目标。根据智能设计系统的设计目标，可将其分为下列三种主要类型：

第一，智能化方案设计系统。所建造的系统主要支持设计者完成产品方案的拟定和设计。

第二，智能化参数设计系统。所建造的系统主要支持设计者完成产品的参数选择和确定。

第三，智能设计系统。这是一个较完整的系统，可以支持设计者完成从概念设计到详细设计的整个设计过程，建造难度大。

3. 知识系统的建立

知识系统是以设计型专家系统为基础的知识处理子系统，是智能设计系统的核心。知识系统的建立过程即设计型专家系统的建造过程。

（1）选择知识表达方式。在选用知识表达方式时，要结合智能设计系统的特点和系统的功能要求来选用，常用的知识表达方式仍是以产生式规则和框架表示为主。如果要选择智能设计系统开发工具，则应根据工具系统提供的知识表达方式来组织知识，不需要再考虑选择知识表达方式。

（2）建造知识库。知识库的建造过程包括知识的获取、知识的组织和存取方式，以及推理策略确定三个主要过程。

4. 形成原型系统

形成原型系统阶段的主要任务是完成系统要求的各种基本功能，包括比较完整的知识处理功能和其他相关功能，只有具备这些基本功能，才能建造出一个初步可用的系统。

形成原型系统的工作分以下两步进行：

（1）各功能模块设计。按照预定的系统功能对各个功能模块进行详细设计，完成代码编写、模块调试过程。

（2）各模块联调。将设计好的各功能模块组合在一起，用一组数据进行调试，以确定系统运行的正确性。

5. 系统修正与扩展

系统修正与扩展阶段的主要任务是对原型系统在联调和初步使用中的错误进行修正，对没有达到预期目标的功能进行扩展。经过认真测试后，系统已具备设计任务要求的全部功能。若系统达到性能指标，就可交付给用户使用，同时形成"设计说明书"及"用户使用手册"等文档。

6. 投入使用

将开发的智能设计系统交付给用户使用，在实际使用当中发现问题。只有经过实际使用过程的检验，才能使系统的设计逐渐趋于准确和稳定，进而达到专家设计水平。

7. 系统维护

针对系统实际使用中发现的问题或者用户提出的新要求对系统进行改进和提高，不断地完善系统。

三、智能化产品设计模式

设计是与人的思维密切相关的活动，是人类智能的体现，是一个复杂的分析、综合及决策活动。而智能设计就是利用计算机代替人类专家，完成类似人类设计活动过程中涉及的各种推理与决策动作。通过对传统智能设计模式的分析，可以发现，由于机械产品越来越复杂，以及知识密集型、异构型的环境下，传统的单一智能设计模式已经不能满足现在需求，因此，为了更好地适应复杂环境下产品设计对智能化的新要求，结合对智能设计的内涵分析，重新定义了产品智能设计模式，其主要可以分为四个层次：①设计知识的有效管理；②设计工具的高效封装；③设计方案的智能推理；④设计知识的辅助决策。

智能设计模式的四个层次是与智能设计内涵的层次对应的，同时智能设计模式也是实现智能设计过程的保障。在智能设计模式的四个层次当中，设计知识的有效管理和设计工具的高效封装体现了智能设计内涵中的集成层功能，设计方案的智能推理和设计知识的辅助决策则体现了智能设计内涵中的引擎层功能。其中，设计知识的有效管理和设计工具的高效封装是智能设计模式的预备过程，用来实现设计资源的组织与管理，为智能推理与决策提供必要的准备。智能推理和辅助决策是智能设计模式的应用过程，用来实现从以往的设计案例中检索出与新设计需求（设计任务）相似的案例集，借助相关的领域设计知识从中决策出最合理的案例，再以自动或半自动方式辅助设计人员对相似案例进行修改，得到符合设计需求的最终设计方案，并自动进行三维建模与仿真分析，最终形成完整设计方案。智能设计模式的应用过程和预备过程相辅相成及缺一不可。

相比传统智能设计模式，本项目提出的智能设计模式，不仅具有传统模式中的功能，同时更注重了设计资源对于智能设计过程的辅助支持功能，可以说评价一个智能设计模式的好坏或者智能化程度的高低，不能仅仅看其推理能力，更需要强调的是智能设计模式在实际设计过程中的辅助性和适应性，这就需要其有能力将大量的设计专家领域知识进行集成，同时可以将不同类型的设计工具进行封装与重用，最终实现对不同设计阶段、不同设计任务的智能化辅助和决策支持。

第二节 机械制造中的智能制造技术

"目前，随着智能制造技术的不断发展，机械制造业逐渐步入智能化时代，促使传统机械制造工艺发生转变，成为当前机械制造业的一种潮流趋势，推动了我国机械制造业的发展。"[1] 智能制造是未来制造业的发展方向，是制造过程智能化、生产

---

[1] 唐卿. 基于智能制造技术的智能机械制造工艺［J］. 现代制造技术与装备，2022，58（09）：193.

模式智能化和经营模式智能化的有机统一。智能制造能够对制造过程中的各个复杂环节（包括用户需求、产品制造和服务等）进行有效管理，从而更高效地制造出符合用户需求的产品。在制造这些产品的过程中，智能化的生产线让产品能够"了解"自己的制造流程，同时深度感知制造过程之中的设备状态、制造进度等，协助推进生产过程。

一、智能制造的定义及环节

（一）智能制造的定义

对于智能制造的定义，各国有不同的表述，但其内涵和核心理念大致相同。我国工业和信息化部推动的"2015 年智能制造试点示范专项行动"中，智能制造的定义为：基于新一代信息技术，贯穿设计、生产、管理与服务等制造活动各个环节，具有信息深度自感知、智慧优化自决策、精准控制自执行等功能的先进制造过程、系统和模式的总称。

如果用人体来比喻智能制造系统，那么大脑由各种控制器以及由各种算法、数字化模型构成的工业软件构成；五官及神经末梢就是机器触觉、视觉、听觉等各类传感器；骨骼是网络基础与车间；血液相当于数据流、物流、新产品导入；四肢是工业机器人本体与各类智能装备，以上子系统的集成构成了智能制造系统。

（二）智能制造的关键环节

1. 智能设计

智能设计是指应用智能化的设计手段以及先进的数据交互信息化系统（CAX、网络化协同设计、设计知识库等）来模拟人类的思维活动，从而使计算机能够更多、更好地承担设计过程中的各种复杂任务，不断地根据市场需求设计多种方案，进而获得最优的设计成果和效益。

2. 智能生产

智能生产是指将智能化的软硬件技术、控制系统及信息化系统（分布式控制系统 DCS、分布式数控系统 DNC、柔性制造系统 FMS、制造执行系统 MES 等）应用到整个生产过程中，从而形成高度灵活、个性化、网络化的产业链，它也是智能制造的核心。

3. 智能管理

智能管理是指在个人智能结构与组织（企业）智能结构基础上实施的管理，既体现了以人为本，也体现了以物为支撑基础。它通过应用人工智能专家系统、知识工程、模式识别、人工神经网络等方法和技术，设计和实现产品的生产周期管理、安全、可追踪与节能等智能化要求。智能管理主要体现在与移动应用、云计算和电子商务的结合方面，是现代管理科学技术发展的新动向。

4. 智能制造服务

智能制造服务是指服务企业、制造企业、终端用户在智能制造环境下围绕产品生产和服务提供进行的活动。智能制造服务强调知识性、系统性和集成性，强调以人为本的精神，能够为用户提供主动、在线、全球化的服务。通过工业互联网，可以感知产品的状态，从而进行预防性维修维护，及时地帮助用户更换备品备件；通过了解产品运行的状态，可以帮助用户寻找商业机会；通过采集产品运营的大数据，可以辅助企业做出市场营销的决策。

二、智能制造关键技术

智能制造在制造业中的不断推进发展，对制造业中从事设计、生产、管理和服务的应用型专业人才提出了新的挑战。他们必须掌握智能工厂制造运行管理等信息化软件，不但要会应用，还要能根据生产特征、产品特点进行一定的编程、优化。

智能制造要求在产品全生命周期的每个阶段实现高度的数字化、智能化和网络化，以实现产品数字化设计、智能装备的互联和数据的互通、人机的交互以及实时的判断与决策。工业软件的大量应用是实现智能制造的核心与基础，这些软件主要有计算机辅助设计（CAD）、计算机辅助制造（CAM）、计算机辅助工艺（CAPP）、企业资源管理（ERP）、制造执行系统（MES）、产品生命周期管理（PLM）等。

除工业软件外，工业电子技术、工业制造技术和新一代信息技术都是构建智能工厂、实现智能制造的基础。应用型专业人才在掌握传统学科专业知识与技术的同时，还必须熟练掌握及应用这几种智能制造关键技术，来适应未来智能制造岗位的需求。

工业电子技术集成了传感、计算和通信三大技术，解决了智能制造中的感知、大脑和神经系统问题，为智能工厂构建了一个智能化、网络化的信息物理系统。它包括现代传感技术、射频识别技术、制造物联技术、定时定位技术，以及广泛应用的可编程控制器、现场可编程门阵列技术（FPGA）和嵌入式技术等。

工业制造技术是实现制造业快速、高效、高质量生产的关键。智能制造过程中，以技术与服务创新为基础的高新化制造技术需要融入生产过程的各个环节，以实现生产过程的智能化，提高产品生产价值。工业制造技术主要包括高端数控加工技术、机器人技术、满足极限工作环境与特殊工作需求的智能材料生产技术、基于3D打印的智能成形技术等信息技术主要解决制造过程中离散式分布的智能装备间的数据传输、挖掘、存储和安全等问题，是智能制造的基础与支撑。新一代信息技术包括人工智能、物联网、互联网、工业大数据、云计算、云存储、知识自动化、数字孪生技术及产品数字孪生体及数据融合技术等。

（一）智能制造装备及其检测技术

在具体的实施过程中，智能生产、智能工厂、智能物流以及智能服务是智能制造的四大主题，在智能工厂的建设方案中，智能装备是其技术基础，随着制造工艺与生产模式的不断变革，必然对智能装备中测试仪器、仪表等检测设备的数字化、智能化提出新的需求，促进检测方式的根本变化。检测数据将是实现产品、设备、人和服务之间互联互通的核心基础之一，如机器视觉检测控制技术具有智能化程度高和环境适应性强等特点，在多种智能制造装备当中得到了广泛的应用。

（二）工业大数据

工业大数据是智能制造的关键技术，主要作用是打通物理世界和信息世界，推动生产型制造向服务型制造转型。

智能制造需要高性能的计算机和网络基础设施，传统的设备控制和信息处理方式已经不能满足需要。应用大数据分析系统，可以对生产过程数据进行分析处理。鉴于制造业已经进入大数据时代，智能制造还需要高性能计算机系统和相应网络设施。云计算系统提供计算资源专家库，通过现场数据采集系统和监控系统，将数据上传云端进行处理、存储和计算，计算之后能够发出云指令，对现场设备进行控制（例如控制工业机器人）。

（三）数字制造技术及柔性制造、虚拟仿真技术

数字化就是制造要有模型，还要能够仿真，这包括产品的设计、产品管理、企业协同技术等。总而言之，就是数字化是智能制造的基础，离开了数字化就根本谈不上智能化。

柔性制造技术（FMT）是建立在数控设备应用基础上并正在随着制造企业技术进步而不断发展的新兴技术，它和虚拟仿真技术在智能制造的实现中，扮演着重要的角色。虚拟仿真技术包括面向产品制造工艺和装备的仿真过程、面向产品本身的仿真和面向生产管理层面的仿真，从这三方面进行数字化制造，才能实现制造产业的彻底智能化。

增强现实技术（AR），它是一种将真实世界信息和虚拟世界信息"无缝"集成的新技术，是把原本在现实世界的一定时间空间范围内很难体验到的实体信息（视觉、声音、味道、触觉等信息）通过计算机等科学技术，模拟仿真后再叠加，将虚拟的信息应用到真实世界，被人类感官所感知，从而达到超越现实的感官体验。真实的环境和虚拟的物体实时地叠加到了同一个画面或者空间同时存在。增强现实技术，不但展现了真实世界的信息，而且将虚拟的信息同时显示出来，两种信息相互补充、叠加。增强现实技术包含了多媒体、三维建模、实时视频显示及控制、多传感器融合、实时跟踪及注册、场景融合等新技术和新手段。

（四）传感器技术

智能制造与传感器紧密相关。现在各式各样的传感器在企业里用得很多，有嵌入的、绝对坐标的、相对坐标的、静止的和运动的，这些传感器是支持人们获得信息的重要手段。传感器用得越多，人们可以掌握的信息越多。传感器很小，可以灵活配置，改变起来也非常方便。传感器属于基础零部件的一部分，它是工业的基石、

性能的关键和发展的瓶颈。传感器的智能化、无线化、微型化和集成化是未来智能制造技术发展的关键之一。

当前，大型生产企业工厂的检测点分布较多，大量数据产生后被自动收集处理。检测环境和处理过程的系统化提高了制造系统的效率，降低了成本。将无线传感器系统应用于生产过程中，将产品和生产设施转换为活性的系统组件，以便更好地控制生产和物流，它们形成了信息物理相互融合的网络体系。无线传感网络分布于多个空间，形成了无线通信计算机网络系统，主要包括物理感应、信息传递、计算定位三个方面，可对不同物体和环境做出物理反应，例如温度、压力、声音、振动和污染物等。无线数据库技术是无线传感器系统的关键技术，包括了查询无线传感器网络、信息传递网络技术、多次跳跃路由协议等。

（五）人工智能技术

人工智能（AI）是研发用于模拟、延伸和扩展人的智能的理论、方法、技术及应用系统的科学。它企图了解智能的实质，并生产出一种新的能以人类智能相似的方式做出反应的智能机器，该领域的研究包括机器人、语言识别、图像识别、自然语言处理和专家系统、神经科学等。

三、智能制造系统体系架构

通过研究各类智能制造应用系统，提取了其共性抽象特征，构建了一个从上到下分别是管理层（含企业资源计划与产品全寿命周期管理）、制造执行层、网络层、感知层及现场设备层五个层次的智能制造系统层级架构。

系统层级的体系结构及各层的具体内容简要描述如下：

（一）协同层

协同层的主要内容包括智能管理与服务、智能电商、企业门户、销售管理及供应商选择与评价、决策投资等。其中智能管理与服务是利用信息物理系统（CPS），全面地监管产品的状态及产品维护，来保证客户对产品的正常使用，通过产品运行数据的收集、汇总、分析，改进产品的设计和制造。典型如罗罗公司的航空发动机产品。而智能电商是根据客户订单的内容分析客户的偏好，了解客户的习惯，并根据订单的商品信息及时补充商品的库存，预测商品的市场供应趋势，调控商品的营销策略，开发新的与销售商品有关联的产品，以便开拓新的市场空间，该层将客户订购（含规模化定制与个性化定制）的产品通过智能电商与客户及各协作企业交互沟通后，将商务合同信息、产品技术要求以及问题反馈给管理层的 ERP 系统处理。

（二）管理层

管理层位于总体架构的第二层，其主要功能是实现智能制造系统资源的优化管理，该层分为智能经营、智能设计与智能决策三部分，其中智能经营主要包括企业资源计划（ERP）、供应链管理（SCM）、客户关系管理（CRM）及人力资源管理等系统；智能设计则包括 CAD/CAPP/CAM/CAE/PDM 等工程设计系统、产品生命周期管理（PLM）、产品设计知识库、工艺知识库等；智能决策则包括商业智能、绩效管理、其他知识库及专家决策系统，它利用云计算、大数据等新一代信息技术能够实现制造数据的分析及决策，并且不断优化制造过程，实现感知、执行、决策及反馈的闭环。

（三）制造执行层

制造执行层负责监控制造过程的信息，并进行数据采集，将其反馈给上层 ERP 系统，经过大数据分析系统的数据清洗、抽取、挖掘、分析、评估、预测和优化后，将优化后的指令或信息发送至设备层精准执行，进而实现 ERP 与其他系统层级的信息集成与融合。

（四）网络层

网络层是一个设备之间互联的物联网。由于现场设备层及感知层设备众多，通信协议也较多，有无线通信标准（WIA－FA）、RFID 的无线通信技术协议 ZigBee，针对机器人制造的 ROBBUS 标准及 CAN 总线等，目前单一设备与上层的主机之间的通信问题已得到解决，而设备之间的互联问题和互操作性问题尚没有得到根本解决。工业无线传感器 WIA－FA 网络技术，可实现智能制造过程中生产线的协同和重组，为各产业实现智能制造转型提供理论和装备支撑。

（五）感知层

感知层主要由 RFID 读写器，条码扫描枪，各类速度、压力、位移传感器，测控仪等智能感知设备构成，用来识别及采集现场设备层的信息，并且将设备层接入上层的网络层。

（六）现场设备层

现场设备层由多个制造车间或制造场景的智能设备构成，如 AGV 小车、智能搬运机器人、货架、缓存站、堆垛机器人、智能制造设备等，这些设备提供标准的对外读写接口，将设备自身的状态通过感知层设备传递至网络层，也可以将上层的指令通过感知层传递至设备进行操作控制。

（七）智能制造系统中架构分层的优点

第一，智能制造系统是一个十分复杂的计算机系统，采取分层策略能将复杂的系统分解为小而简单的分系统，便于系统的实现。

第二，随业务的发展及新功能集成进来，便于在各个层次上进行水平扩展，以减少整体修改的成本。

第三，各层之间应尽量保持独立，减少了各个分系统之间的依赖，系统层与层之间可采用接口进行隔离，达到高内聚、低耦合的设计目的。

第四，各个分系统独立设计，还可以提高各个分系统的重用性及安全性。

在智能制造系统的六个层次中，智能制造系统之间存在信息传递关系，以智能经营为主线，将智能设计、智能决策及制造执行层集成起来，最终实现协同层的客户需求及企业的生产目标。企业资源计划 ERP 是 IMS 的中心，属于智能经营范畴，处于制造企业的高层。ERP 是美国 Gartner Group 公司于 20 世纪 90 年代初提出的概念，是在制造资源计划（MRP）的基础上发展起来的，其目的是为了制造业企业提供销售、生产、采购、财务及售后服务的整个供应链上的物流、信息流、资金流、业务流的科学管理模式。

ERP 系统的主要功能包括销售管理、采购管理、库存管理、制造标准、主生产计划（MPS）、物料需求计划（MRP）、能力需求计划（CRP）、车间管理、准时生产管理（JIT）、质量管理、财务管理、成本管理、固定资产管理、人力资源管理、分销资源管理、设备管理、工作流管理及系统管理等，他的核心是 MRP。

在 IMS 中 ERP 与时俱进，不断适应知识经济的新的管理模式和管理方法。如敏捷制造、虚拟制造、精益生产、网络化协同制造、云制造及智能制造等不断融入 ERP 系统。以 ERP 为核心衍生出的供应链管理、客户关系管理、制造执行系统也较好补充了新的需求，互联网、物联网、移动应用、大数据技术等在 ERP 系统中不断加强。如今企业内部应用系统 ERP 与知识管理（KM）、办公自动化（OA）日益交互，已经成为密不可分的一个集成系统。产品数据管理（PDM）、先进制造技术（AMT）与 ERP 的数据通信及集成度也不断加强。供应链、CRM、企业信息门户（EIP）等处于内部信息与外部互联网应用的结合处，使得面向互联网应用，如电子商务、协同商务与企业信息化日益集成构建了全面信息集成体系（EAI），这些变化形成了 ERP Ⅱ 系统。

第三节　机械产品加工工艺智能化设计

从机械制造概念出发，生产过程是指利用各种机理、技术、设备与工具对原材料、半成品进行加工或处理，使之最终成为机械产品的过程，即机械制造过程是由原材料转化为最终产品的一系列相互关联的劳动过程的总和。它包括生产组织准备、原材料准备、毛坯制造、零件制造、机器装配、生产过程中的物料运输，质量检验，以及许多其他与之相关的内容。在生产过程中，那些与原材料向产品转变直接相关的过程称为工艺过程。它包括毛坯制造、零件加工、热处理、质量检验和机器装配等。

智能化技术的运用早已是工艺生产领域的共识，这点在机械制造与生产中被一再证实。把智能化技术应用于机械制造另一个重要的意义就是推动了机械制造的工艺创新，同时实现了实时的智能化操作。比如，以缩短工序和缩短辅助时间为主要目标的组合工艺，正在朝着多轴和多系列控制函数的方向发展。数控机床的工艺复合化是指在机床上组装零件后，采用自动换力、旋转主轴头或转台等多种方法，完成多工序、多表面的机械复合加工任务。除此之外，随着机械制造应用智能化技术的不断完善，实时系统与人工智能的融合，使得现如今的人工智能技术正在走向具有实时响应的、更现实的领域，而实时系统也正在走向具有智能行为的、更加复杂的应用道路，从而催生了实时智能控制这一新天地。由此可见，智能化技术的运用必将推动机械制造业的发展实现实时智能化，并且切实促成机械制造业的大变革。

一、机械加工智能化发展的应用

机械产品的加工流程设计是指产品设计完成后的固定工序。在设计过程中，设计者会按照产品组装图和零件图进行工艺审查，确定或熟悉毛坯，拟定工艺路线，准备好加工设备和完成各道工序的刀具、夹具和量具，确定各工序的加工余量、切削用量以及时间定额等工作内容。在当前多品种、小批量的生产模式下，工序规划牵涉的要素越来越多，从事工序管理工作的设计者的综合素质也各不相同，由此造成工序规划缺乏标准。与此同时，由于公司应用了新的生产方式，新产品的数量较过往同期实现快速增长，但是设计者缺乏关注工艺创新研究的时间，导致机械加工智能化的工艺水平依然停留在原初水平。伴随着计算机技术与人工智能技术的迅速发展，传统的工艺设计可被计算机人工智能所取代，这为设计者能够专注于工艺创新设计研究创造了有利的条件。

为了创新机械产品加工工艺的智能化设计流程，结合实例探讨数控机床的智能制造问题显得尤为必要。人工神经网络是通过大量的、简单的元素及层级结构进行平行连接而形成的网络结构。人工神经网络在机械加工领域应用前景广阔，目前已经深入到了机械加工的各方面。

（一）应用人工神经网络选择零件定位基面

零部件定位基准的选取始终是待解难题。通常情况之下，设计者在选定零部件定位基准时，需要仔细地分析零部件的几何特性，再依据几何特性选取定位基准，而在此过程中，还需要对其进行定量分析，并给出具体的数值。实际应用表明，应用人工神经网络可以较好地解决这个问题。首先，利用人工神经网络可以建立从图形到代码的映射关系；其次，应用人工神经网络能够实现对零件形状信息的编码；最后，运用人工神经网络对零部件的几何特征进行识别，能够有效发挥零件的定位功能。通过在各部位代码中分别设定型号代码和定位代码，可以完成零件形状特征的编码任务。

（二）人工神经网络在加工参数优化中的应用

加工参数是指设计者在操作机床工艺的过程中，按照车间的工艺需要并结合各种情况，优化机床工艺的参照指标。根据以前的实践效果来看，加工参数与工艺过程存在着正相关性。加工参数的合理设定能够有效地提升工艺过程的效率，采用人工神经网络技术能够实现加工参数的优化。

（三）变切削条件下钻头磨损的监控

在自动化流水线上，为了达到实时、持续监测的目的，将传统的直接测试改为在线间接测试，以获取一组能够反映切削过程的动力学参数，进而可以推断出切削过程中零件的磨损程度。但是，动力学参量与工具磨损量的相关性十分复杂，很难借助精确的数学模型加以刻画。对于此种不确定的输入和输出之间的映射关系，利用人工神经网络可以做到实时监测。

综上所述，机械智能化发展与现代科学技术以及整个工业的发展存在着密切的关系，强化智能制造是提升机器加工效率和零件品质的重要保障，可以极大地提高生产效率并增强生产技术的核心竞争力。对于机械加工行业来说，只有深刻理解机械智能化发展的必然趋势，并利用计算机信息系统发展智能化技术，克服传统加工制造流程存在的不足，推动机械加工艺术的工业化发展，才可以取得理想的效果。然而，数控机床的智能制造属于系统工程，并且非朝夕间能够完成，需要相关的设计者在实际工作中深入地学习与探索。

二、工艺知识的表达和工艺知识库

（一）工艺数据的分类

工艺数据是在工艺设计过程中生成的数据，属于工艺知识的关键部分。根据工艺数据的特性，可以将工艺数据划分为两种类型，一种是静态的工艺数据，一种是动态的工艺数据。其中，静态的工艺数据是指与机械加工有关的数据，通常由物料数据、加工数据等组成，具体可以细分为机床数据、刀具数据、量夹具数据、标准工艺规章数据、成组分类特征数据等。动态的工艺数据主要是指在工艺规划过程中产生的相关信息，其中包括大量的中间过程数据、零件图像数据、工序图像数据、工艺规章数据以及 NC 代码等。

工艺数据是工艺信息的核心，具备许多独特的特点：①类型复杂，即有基本数据类型，又有复杂的图形数据，过程数据等类型；②数据非结构化、规范化；③中间过程数据瞬息多变，难以处理。工艺信息是编制工艺过程的基础，它由工艺输入信息、控制信息、输出工艺信息等组成。

（二）工艺知识的表达和工艺知识库的建立

通过解析过程信息，可以确定工艺知识表达的内容。工艺知识的表达和工艺知识库的建立，是设计者利用计算机描述并辨识工艺知识的过程。通常，生产流程可以分为静态的生产流程与动态的生产流程两类。企业生产组织、设备、组装工艺的技术状态、输出的工艺文件等都属于静态的生产流程，由此产生的静态的工艺数据又被称为叙述性知识，用来代表客观存在的事物，可以反映被加工零件的特点与企业生产组织、设备、技术和工艺之间的联系。各种制造规范属于动态的生产流程，由此形成的工艺数据也被称作过程性知识，其中一些过程性知识可通过数值关系函数加以表达，比如，机床选择、定额计算等；另外某些则是指零件加工过程中与制造工艺有关的逻辑数据。

零件的生产组织、生产设备及生产工艺信息的表达等说明性知识，按照内容进行结构化，并采用信息编码的方式，存储到关系数据库中，在设计需要时调出，这是建立工艺知识库的基本流程。工艺知识的结构化工作主要包括以下三部分内容：①搜索代码比较独特，既不能过长或者过短，又得能够反映出目标的特点；②及时总结设计主题、制造工艺的主要特点、设计流程包含的主要元素等；③建立关系式的数据体系，将相关信息存储到关系式数据库中。

制造工艺技术规范是过程性知识的典范，可以用来描述加工零件与加工手段之间的关系，有效控制零件加工顺序、机床选择、模具选择、工序加工余量、切削用量和工时限额等。通过分析与总结可以发现，工艺技术规格普遍建立在零部件和生产技术的基础上，最终的结果属于工艺手段的范畴，因而可以用产生式规则加以表达。

在特征识别的基础上，可以使用零件类别码等手段表达零件特征信息。对于机床类企业、生产组织来说，可以使用零件代码分量表达，而工艺手段则是使用由零件工艺特征信息构成的符号数据集合加以表达。通过撰写生产过程中的部件分类代码并弄清楚该部件分类代码与过程代码之间的逻辑联系，从而有效构建产品体系集成库，有助于存储各种工艺信息、工程数据等。使用通常的数据库管理软件，可以构建工艺知识库。在构建工艺知识库的过程中，可以借助涉及到的过程信息构建不同的结构化数据表。

第四节　机械产品工装模具智能化设计

为适应产品生产呈现多品种、少批量，复杂、精密，更新换代速度快的变化特点，提高模具质量，缩短制模周期，随计算机技术和制造技术的迅速发展，功能强大的专业软件和高效集成制造设备的出现，模具技术正由手工设计、依靠人工经验和常规机械加工技术向智能化设计转变。

一、传统模具设计与制造

传统的模具设计与制造过程包括工艺设计、模具结构设计、工艺模型制造、零件加工、试模与调试和检测等。对于不同类型的模具，其工艺设计与模具结构设计的内容各不相同，主要的加工方式也有所不同。

传统的模具设计制造方式有以下特点：

第一，产品设计信息以二维图样为主，对于复杂零件，要辅以样件或者模型表示零件的形状；

第二，进行工作零件设计时，需对产品图进行再设计，如冲模设计中的毛坯展开和刃口设计，注塑模设计时计算材料的收缩率等；

第三，模具设计凭经验进行，结果难以预测；

第四，模具设计效率低，信息共享程度差；

第五，工艺模型的制造质量决定着整套模具的加工质量；

第六，仿形加工是大型型腔模具的主要方式，模具的研配及调试工作量很大。

二、现代模具设计的要求与发展趋势

（一）模具的基本要求

在生产过程中，为了确保产品的品质，提高模具加工效率，降低生产费用等，不仅需要科学地设计现代模具，还需要优化模具加工技艺的品质。当前，现代模具设计通常需要满足以下几点基本要求：

1. 制造精度高

为了保证模具生产的品质，充分利用模具自身的功效，通常需要精密地设计并制作模具。模具的精度主要取决于产品的精度和模具的结构。要确保产品的精度和品质，一般需要在产品设计的基础上再提高 2~4 个模具生产等级。而在模具结构上，由于上模具与下模具之间的匹配难度较大，要求构成模具的所有零件都必须具备特定的加工精度。否则，不仅无法生产出符合标准的产品，还将导致模具无法正常使用。

2. 使用寿命长

模具作为较为昂贵的技术设备，制作成本大约维持在 10%~30% 之间，而模具的使用年限又会对整个设备的生产成本产生很大的影响。因此，除非是为了满足特殊场合的需求，如小型制造业产品展示或新产品的试验等，现代模具的生产通常对冲头的耐久性提出了较高的要求。

3. 制造周期短

模具的制造周期在很大程度上取决于企业的生产工艺和企业的经营管理水平。因此，在确保产品品质的同时，要尽可能地减少模具的制作时间，来适应市场的需求，增强产品投放市场的竞争活力。

4. 模具成本低

模具的造价取决于模具制造工艺的复杂程度、模具的材质，以及市场对模具的制作精度和制作工艺的要求。为了减少生产费用，需要科学设计并且制定产品。

上述四项指标之间存在着内在的联系和相互作用。只注重模具的精确性和耐久性，必然将导致生产费用的提高。与此同时，为了节约生产费用，减少生产时间，而忽略模具加工的准确性，此种做法并不可取。在设计与制作模具的过程中，必须综合考虑各种因素之间的关系，在确保产品品质的基础上，选用适合产品产量的冲模构造与制作方式，从而将冲模费用减至最小。为了进一步提升模具的整体性能，必须深入学习现代化的模具生产原理，并且在此基础上，积极运用先进的生产技术，才能促使模具制作与现代化产业的发展相适应。

（二）现代模具产品的发展趋势

传统的模具制作工艺主要包括模仿模型加工、成形磨削和电弧加工等。但是，现代模具产品的形状与结构非常复杂，对技术的要求也非常高。因此，使用常规的模具制作方法明显难以制作现代模具产品，只有借助现代科学技术的发展，使用先进的制造技术，才能满足生产现代模具产品的技术需求。

目前，我国整体产业发展呈现出种类繁多、技术革新迅速、市场竞争加剧的特征。为了满足快速交货、高精度和低成本的市场需求，模具的最新发展趋势表现为：

第一，模具的精度将越来越高。随着零件微型化及精度要求的提高，有些模具的加工精度要求在 $1\mu m$ 以内，这就要求发展超精加工。

第二，模具的技术含量将不断提高中，高档模具的比例将不断地增大。

第三，快速经济模具的前景十分广阔。随着多品种小批量生产方式的发展，要求模具的开发周期越短越好，开发快速经济模具越来越引起人们的重视。

第四，模具的生产规模越来越大。这既是由于使用了模具成型的工件越来越大，又与成型模具的数量越来越多密不可分。

第五，继续开发多用途的复合型模具。开发一套多用途的冲模，不仅需要完成对零部件的冲模，还要完成堆叠、攻丝钉、铆钉、锁定等装配工作，这种多用途冲模更适合批量制造。另外，为减少制造、组装时间，颜色丰富、材料新颖的塑胶成型模式也将实现较快发展。

第六，随着热流道技术的推广应用，热流道模具在塑料模具中的比重将逐步提高。热流道的应用可提高制件的生产率和质量，并且能大幅度节约制件的原材料。

第七，随着塑料成形工艺的不断改进和发展，气辅模具及适应高压注射成形等工艺的模具将随之发展，以进一步提高制件质量。

第八，随着以塑代钢、以塑代木的进一步发展，以及车辆和电机等产品向轻量化发展，塑料模和压铸模的比例将不断提高。

第九，模具标准件的应用将日渐广泛。

三、现代模具设计的发展和需要——智能化

由于现代工程设计对象具有涉及面广、精度要求高、整体性要求强等特点，导致设计任务往往是多变量、多目标和多约束的整体系统，致使建模和求解非常困难。因此，现代设计的发展和需要是逐步实现智能化，包括建立基于知识的人工智能模型，通过计算机模拟人类专家的智能活动，进行分析、推理，判断和决策，以取代和延伸设计过程中人的部分脑力劳动，减少对设计者的要求；引入了新的求解方法和理论，如模糊推理、小波分析、非线性理论、神经网络、自学习和自适应理论等；对专家的知识进行收集，整理、完善与共享，来实现设计过程的决策自动化。

在工程设计中，应用人工智能的主要目标是：将包含全部信息的设计对象模型表示在计算机内部，通过一系列的逻辑推理和数值计算，设计出基于事先设定的专家经验的适合于设计对象的参数。将人工智能与工程设计有机地结合起来并不那么简单，主要原因是：工程设计领域的对象复杂多变，建模极其困难；人工智能对知识的表示和处理方法目前尚无定论，多种表示方法适用于不同的范围；为了应用人工智能技术，需要详细分析设计过程，设计特征以及设计事实，这是一件相当繁琐并且需要专家经验的工作。因此发展以学习功能（知识获取）为重点的知识系统，并将其有效地嵌入工程设计系统中，开发基于知识的工程系统（KBE），已成为当前人工智能研究与应用的热点之一。

基于知识的工程设计系统框架中，专家系统不但收集各领域专家的各种经验和知识，并通过学习功能不断积累和提炼知识，而且可以通过有限元分析模块（CAE）

和设计优化模块的有效使用来积累知识，以减轻设计和制造人员在这两个模块上有效使用的压力。基于知识的工程设计系统是一个非常庞大的系统，要在短期内实现在实践上和理论上都有不少困难，其中智能化技术是主要的关键技术。这不仅表现为它渗透在各个模块之中，影响着各个模块的表现性能，并且还表现在系统的不断进化过程中，即无论系统初始知识如何，随着知识获取模块不断积累和修正各领域专家的知识，整个系统性能将不断改善。

实际上，基于知识的系统就是以人工智能理论为基础，以工程设计中专家的行为和案例为依据，对知识进行记忆、学习和推理，使计算机中的知识系统具有合理运用"专家级"知识的能力。它针对不同类型的数据或不同领域的要求选用不同类型的算法进行学习，并通过数据库和数据概念定义从专业领域中采集数据，通过数据通信模块提交给各类算法进行学习，并且提炼成知识存入知识库中，供专家系统推理和使用。

一个知识系统的智能行为在很大程度上依赖于知识库中的知识。因此，如何将问题求解的知识从领域专家头脑中获取出来，并且按照一种合适的方式表示和使用这些知识就成为知识系统研究与开发的关键技术。

四、模具设计智能化工具 CAD

智能 CAD 也被称为 ICAD，主要是指将传统的计算机辅助设计与人工智能技术有机地融合在一起，形成的计算机自主设计综合 CAD 系统。

智能 CAD 将知识工程、多主体技术、遗传算法等人工智能技术引入到工程设计中，对经验知识、规范和标准等进行智能化处理，并规划、判断和决策处理流程，从而使得 CAD 系统可以在很大程度上模仿设计者的设计思路，在设计的过程中高效地进行多种复杂的设计分析和决策，从而满足自动化设计产品的要求。计算机辅助设计技术的发展，为模具设计拓展了新的研发思路。在借助智能 CAD 技术构建专家系统知识库的过程中，人工智能技术与计算机网络通信技术、软件技术等的深度融合，可以充分利用网络中的大量信息，最终构建出的智能 CAD 系统，能够充分发挥知识工程设计模具以及处理专家经验的能力。依托计算机强大的计算能力和便利快速的网络通信能力，终将可以实现智能化设计模具的目标。

第七章　机械产品专利申请与专利规避

第一节　专利信息检索技术

一、专利检索概述

"专利文献作为世界上最大的发明知识载体，能够提供大量有效的创新知识服务于产品设计。"[1] 检索对于提高专利质量来说很关键，作用重大。检索的目的在于针对某个主题，尽可能全面地了解现有技术的发展水平，之后基于获得的现有技术，对待评价技术方案的新颖性和创造性进行评估。

围绕这个目的进行检索时，先要明确针对的对象是什么。这就涉及对专利中技术方案的提炼。技术方案的载体可以是多样化的，针对不同的载体会有不同的检索"前处理"。当技术方案是一个主要的技术构思时，此时需考虑这个构思是不是完整，有没有体现技术领域、要解决的技术问题、关键技术手段及预期可以达到的技术效果以及关键技术手段是不是完整。当技术方案的载体是一份详细的技术交底书时，这时就需要代理师从自身的技术储备出发，从详细的文件中提炼出发明构思——具体包括技术领域、要解决的技术问题、关键技术手段及预期可以达到的技术效果，并据此形成待检索的技术方案。

---

[1] 卜和蛰. 面向机械产品专利的机构信息识别与提取方法研究 [D]. 长沙：湖南大学，2020：5.

当技术方案的载体是一份成形的申请文件时,理论上来说,就需要根据撰写的质量进行区别对待。如果申请文件的撰写质量一般甚至是较差,那就需要把它当作是技术交底书的层面,如上一种情形一般进行处理;如果撰写质量较高,这时重点关注其权利要求书中记载的技术方案就可以了,这时就能够认为权利要求书中已经完整包括了发明构思中的技术领域和关键技术手段,就是待检索的技术方案。一般而言,权利要求都会进行一定程度的概括,最起码也会省略掉说明书中的一些细节,因此权利要求中技术方案的保护范围一般比说明书公开的范围大。

当确定好了准备检索的对象之后,接下来是表达检索对象,并构造合乎逻辑的检索式。一般需要考虑使用专利文献所特有的分类号——由阿拉伯数字和大写英文字母组成的串码——表达一定的技术内容,或使用一定的关键词表达其他的内容,再使用一定的逻辑运算符——如 AND、OR、NOT 等,将不同的元素连接起来,在特定的检索入口下进行检索。当然,在表达时要考虑不同的角度——如技术问题的角度、技术效果的角度、技术手段的角度,要考虑同义词、近义词甚至反义词的扩展,而且在不同的平台会有不同的检索入口、不同的运算符甚至不同的分类体系,需灵活运用。

最后是浏览筛选,必要时根据结果动态调整。检索式运行之后会检索出一批文献,这时就需要去人工浏览筛选。一般而言,如果检索的对象是机械结构,筛选时可以只关注文件中的附图,浏览量可以大一些;如果涉及的技术方案需要浏览文字,例如是一个方法类型的权利要求,浏览量可以小一些。此外,一般人员阅读中文文献的能力比外文文献强,那中文文献的浏览量就适度大一点,外文的适度小一点,诸如此类。此外,检索往往还是一个不断试错、不断调整的过程,很难保证一蹴而就,这时就要根据上一条检索式的结果进行动态调整。

二、专利文献检索资源

(一)专利文献分类

专利文献是指在申请专利和专利审批过程中所使用的专用文体。具体来说,发明和实用新型专利文献主要包括权利要求书、说明书、摘要、检索报告等,以及在此基础上进一步加工、编辑、整理产生的各种文档。

按照内容和加工层次，通常将专利文献分为三大类型：一次专利文献、二次专利文献和专利分类资料。

一次专利文献，即详细描述发明创造具体内容及其专利保护范围的各种类型的专利说明书，广义概念中还包括专利审查过程中的中间文件（包括检索报告、审查员审查意见、申请人对审查意见的回复和修改等）。

二次专利文献为刊载文摘或专利题录、专利索引的各种官方出版物，如专利公报、年度索引等。

专利分类资料是按发明创造的技术主题管理和检索专利说明书的工具书，包括了专利分类表、分类定义、分类表索引等。

目前，大部分国家的专利文件均实现了网上公开，利用网络进行全球专利的检索已经不存在任何障碍在专利检索和情报分析过程中，上述三个类型的专利文献并不是截然分开的，需要结合使用。另外，复审与无效审查的决定、同族专利信息、法律状态信息等也具有重要的作用。

对于一般的通过查询专利文献以寻找技术开发灵感的目的而言，通过查看申请公开文本或授权公开文本，关注说明书中具体实施方式和附图即可；但对于专利预警、规避设计、宣告专利无效、侵权抗辩等目的，则需要多种专利文献的结合运用。例如，对发明专利的申请公开文本、授权文本进行比较，可以明确授权文本的修改之处，特别是权利要求的修改之处，结合审查过程文件，能更为准确地判断专利权的真正保护范围，从而为规避设计、侵权抗辩等提供帮助。至于较为宏观的专利检索和文献分析目的，例如行业技术趋势分析、热点分析、功效矩阵分析等，那么需要使用到更多信息，特别是分类信息和引证信息。

（二）主要专利检索类型

在制定并实施专利检索策略之前，我们还要介绍专利检索的主要类型。这是因为针对不同类型的专利检索，其检索目的和检索策略有着显著的区别。

1. 专利性检索

专利性检索主要包括专利查新检索和专利无效检索。

（1）专利查新检索。专利查新检索通常是指将已经完成的发明构思或技术方案与世界范围内公开的专利和非专利文献进行技术信息对比，来判断技术方案是否具备新颖性。一项发明必须具备专利性才可被授予专利权，即具备新颖性、创造性和实用性。对于专利申请人而言，专利查新检索有助于对拟保护技术方案的新颖性和创造性进行预判，从而在一定程度上提前排除专利授权的不确定性，降低专利申请的成本。对于专利审批机构而言，专利查新检索是确保审查结论客观公正、授权权利范围准确稳定的关键性环节。

在进行专利查新检索时，首先，需要对技术方案进行解读，从中总结出该方案的发明构思以及实现该方案所采用的关键技术手段；其次，要根据发明构思提炼出检索要素，并针对检索要素进行全面的扩展与表达；再次，利用扩展后的检索要素构建检索式以表达出发明构思从而获得检索结果；最后，需要依托检索对象的技术方案来筛选相关文献，以识别是否存在能够破坏拟保护技术方案的新颖性及创造性的专利文献。

（2）专利无效检索。专利无效检索是对已经授权的专利为提出无效宣告请求而针对其权利要求是否具备新颖性和创造性进行的检索。通常来说，开展专利无效检索的目的，可能是被控侵权方为寻找不侵权证据，也可能是其他机构或人员为防止社会公众权益被损害。与查新检索相比，无效检索的检索对象一定是专利保护的技术方案，其他检索步骤和策略与查新检索类似。

专利性检索还包括一种特殊情况，即对于已经公开但尚未授权的专利申请进行检索，进而通过向专利审查机构提出公众意见等方式，阻止专利授权，由此减少后续程序中侵权的风险，并且避免授权后为进行无效宣告请求付出额外的时间和经济成本。

2. 专利侵权检索

根据检索者与侵权方、被侵权方的关系，专利侵权检索可分为防止侵权检索和被控侵权检索。

（1）防止侵权检索。防止侵权检索是指为避免发生侵权纠纷而主动针对某一新技术新产品进行的专利文献检索，其目的是要找出可能落入了专利权保护范围的专利。因为只有有效的专利才会被侵权，所以防止侵权检索的范围通常为有效专利，有时也可以对待审的专利申请进行适当的扩展,以便对侵犯该专利权的可能性做出预测。

(2)被控侵权检索。被控侵权检索是指在被别人指控侵权时为进行自我防卫而进行的专利检索,其目的在于找出被控侵犯的专利权无效或不侵权的证据,无论是侵权与被侵权,其侵权判定原则都遵循全面覆盖原则和等同侵权原则。

3. 专利分析检索

(1)专利分析评议检索。专利分析评议是指综合运用专利情报分析手段,对经济科技活动所涉及的专利的竞争态势进行综合分析,对活动中的专利风险、品质价值及处置方式的合理性、技术创新的可行性等进行评估、评价、核查与论证,根据问题提出对策建议,为政府和企事业单位开展经济科技活动提供咨询参考。

(2)专利导航检索。专利导航是以专利信息资源利用和专利分析为基础,把专利运用嵌入产业技术创新、产品创新、组织创新和商业模式创新,引导和支撑产业科学发展的探索性工作。专利导航通过分析大量专利文献数据的技术信息、法律信息,来发现经济、市场信息和竞争对手信息,最后从技术创新、人才培养、企业培育和协同运营等多个角度提出导航路径。

通过检索来进行专利信息资源的利用和分析是实现高质量专利导航的基石。高质量的专利导航检索,能够为政府制定产业政策提供决策依据,能够帮助产业掌握技术发展趋势、热点和方向,可以给企业提供发展战略和专利布局的理论与数据支持。

4. 专利挖掘检索

专利挖掘是指在技术研发或产品开发过程中,对于所取得的技术成果从技术和法律层面进行剖析、整理、拆分和筛选,从而确定用以申请专利的技术创新点和技术方案。专利挖掘的目的是让科研成果得到充分保护,从而使科研成果成为企业资产的一部分。而在专利挖掘过程中,通常需要考虑行业中的技术研发情况以确定企业技术发展的方向。

（三）专利文献的特点和信息分析的价值

1. 专利文献的特点

（1）专利文献集技术、法律和经济信息于一体，是一种战略性信息资源；通过对专利文献的分析，可以了解行业发展动态，监控跟踪竞争对手技术发展情况。

（2）专利文献传播最新技术信息，有助于研发人员寻找新品研发方向、获得灵感，或者通过预警分析，有效规避已有专利。

（3）专利文献的格式统一规范，具有国际范围内统一的分类体系，便于检索，附图详细，有利于跨语言阅读。

（4）专利文献对技术方案的揭示通常较相应的学术论文更为细致、详尽，对于研发具有很好的参考和指引作用。

2. 对专利文献进行信息分析的价值

（1）为科研及开发新技术新产品提供技术启示。

（2）有助于在申请专利时撰写更完善的申请文件，合理地确定专利保护范围，提高获得授权的可能性，提升专利质量。

（3）帮助企业收集竞争对手科技开发动向和全球发展规划，明确行业内活跃发明人，有利于人才引进。

（4）在技术引进过程中，明确地待引进技术的专利价值和行业地位，在合同谈判中有理有据。

（5）在产品出口时规避侵权风险，决定是否出口及出口哪些国家地区。

（6）研究行业研发总体趋势，通过专利信息分析准确定位，制定企业专利战略目标及实施措施。

（7）研究热点行业专利布局，为政府进行国家科技发展规划提供支持。

总体而言，专利检索和信息分析对提升创新能力、规避法律风险至关重要。

三、机械领域技术方案的检索

机械专业被称为"万金油"专业，机械领域的技术方案也具有涉及面广、技术领域分散、各领域间交叉重叠较多的特点，既有较为通用的技术领域，也有专业性较强的技术领域，对于机械领域技术方案的检索常常需要跨不同的细分领域进行检索。

就技术方案类型而言，机械领域技术方案既有结构类的技术方案，又有方法类的技术方案。结构类技术方案多以产品、设备的结构特征进行限定，大部分技术方案是由现有的标准件、通用件构成的，使用的术语是相关技术领域通用的术语。这种情况下，采用关键词检索噪声比较大；还有一部分技术方案中的结构是为实现特定功能而特殊设计的，这一类结构所使用的术语可能是自造词，采用这类自造词作为关键词进行检索容易出现漏检。因此，针对结构类技术方案的检索，不仅应关注结构本身，还需要关注技术方案所解决的技术问题和达到的技术效果。方法类技术方案包括一般的工艺、方法、步骤，也包括依赖于特定设备而实施的方法或者是特定设备的使用方法，还包括特定产品的制造方法。对于后面两种情形的方法类技术方案，检索时一般与特定设备、产品结构的检索相结合。

整体而言，机械领域技术方案对检索基本功有某些要求，检索过程当中需要根据检索结果对检索策略进行适时灵活的调整。

（一）结构类技术方案的检索

机械领域以结构类技术方案居多，结构类技术方案多以产品、设备、材料的结构进行限定，组成结构类技术方案的技术特征包括结构特征（产品、设备、材料的组成部分）和表示结构特征间的相互关系的关系特征（如位置关系、装配关系）。结构类技术方案通常由多个结构特征和关系特征构成一个有机整体以实现一定的功能。就一个结构类技术方案实现的功能而言，有的技术方案的所有技术特征作为一个整体实现一定的功能，我们称这类技术方案为单功能模块结构类技术方案；有的技术方案可以实现多个相对独立的功能，相应地，组成技术方案的技术特征可以根据实现的功能划分为相对独立的模块，我们称这类为技术方案为多功能模块组合结构类技术方案。

1. 单功能模块技术方案的检索

单功能模块结构类技术方案的各技术特征构成一个有机整体，相互配合实现单一功能。一般而言，这类技术方案中每一个技术特征在实现该功能的过程中与其他技术特征相互配合从而发挥其特定的作用。因此，检索这类技术方案时，应当将整个技术方案作为一个整体加以考虑。这就导致一个问题，如果存在较多的部件，而且机械部件一般名称比较通用，正确地确定和表达检索要素，合理地选择与调整检索策略就非常重要。

一般来说，在确定和表达基本检索要素时，要注意分析各个特征之间逻辑联动关系，如果有很多个部件的话，需要寻找核心功能部件。在这个过程中不但要考虑技术特征本身，还要考虑技术特征与其他技术特征之间的配合关系，以及技术特征在整个结构中发挥的作用，必要时可以从技术问题或技术效果的角度进行检索。此外，由于产品结构和工作过程的内在统一性，虽然是产品权利要求，也可考虑从工作原理或者工作过程的角度进行检索。

（1）从核心部件出发进行检索。一般来说，如果技术方案中包含多个部件，检索时要注意分析这些部件在解决技术问题过程中的作用，找出起到关键作用的核心部件，围绕这个核心部件进行检索和浏览。

（2）从技术效果角度进行检索。由于产品部件名称的通用性，直接用部件名称检索机械结构有时会有非常大的噪声，很难浏览筛选；有的技术方案中部件名称采用自造词，难以进行关键词扩展，或扩展的关键词不够全面，直接采用部件名称及其扩展关键词检索存在漏检的可能。对此，可以考虑从技术问题/技术效果角度进行检索。

（3）从工作过程进行检索。在检索机械结构时，除了从技术问题/技术效果角度进行检索之外，由于特定的结构会有特定的工作方式，还能够考虑从工作方法、工作原理或者工作过程角度进行检索。

2. 多功能模块组合类技术方案的检索

多功能模块组合类技术方案通常能够实现多个相对独立的功能，各技术特征之间也不是完全不可拆分的整体。这时就需要仔细分析各个技术特征之间的技术逻辑，根据结构和实现的功能，对所有的特征进行组合和分组，将整体技术方案分解为由部分技术特征构成一个能实现一定功能的模块，另一部分技术特征作为实现另一功能的另一个模块，各功能模块整合在一起实现一个更大的功能。

对这类技术方案而言，如果难以检索到单篇破坏整个技术方案新颖性或创造性的文献，我们在检索过程中可以采取各个击破的策略，也就是对技术方案进行"拆分"，即如上将整个技术方案划分为若干功能相对独立的模块，之后根据上一节所讲的内容，对各个模块分别进行检索。

在划分模块的过程中需要注意，不能把技术方案拆得太细，而应该根据构成技术方案的各个技术特征之间在解决技术问题、实现功能过程中的相互关系，将互相关联、共同解决一个技术问题并实现一个功能的技术特征作为一个整体，划分成一个功能模块，同一功能模块内各技术特征之间是一个有机整体。

（二）方法类技术方案的检索

机械领域方法类技术方案大致可以分为两类：一类是与结构相关的方法，这类方法与结构存在技术上的关联，即方法多为产品的制造方法、设备的使用方法等，这些方法的实施要么是用于制造具有特定结构的产品或对特定的材料进行成型，要么依赖于特定设备的结构；另一类是一般的方法或工艺流程，这类方法相对于前者更具有普遍性或一般性，对结构没有特别的依赖，我们称也为一般工艺流程。

1. 一般工艺流程类技术方案的检索

一般工艺流程类技术方案虽然通常需要以一定的设备为基础，或者用于制造一定的产品或对一定的材料进行成型，但方法本身的实施对结构没有特别的依赖，人们更关注对方法本身的改进以解决相应技术领域普遍存在的技术问题。对这类技术方案的检索一般关注方法本身的步骤、流程、工艺条件等以及方法所解决的技术问题和达到的技术效果。不过，由于方法步骤中，一般不可避免地要使用到一些设备，因此一般在方法步骤的检索要素表达上，也经常会使用到设备或部件的名称。

2. 产品及其制作方法类技术方案的检索

产品的制作方法一般是针对产品的结构对原料、流程及工艺条件等要素做出的特殊安排，这类技术方案也会与产品的结构存在技术上的关联，但并非一一对应的关系。检索时要注意区分，方法中的哪些要素是相应技术领域通用的要素，如制作方法中的某些步骤是该技术领域解决某一技术问题通用的步骤，哪些要素又是与这个方案中特定产品密切相关的要素。检索这类技术方案时，既要关注产品或方案中的特殊性，又要关注方法中某些要素的普遍性、通用性。分析清楚这些要素间的关系，检索时就可以利用创造性评判的思维，合理地进行要素的拆分和组合。

第二节　专利撰写与专利申报

一、专利文件的撰写

申请发明或者实用新型专利的申请文件应当包括：专利请求书、说明书（说明书有附图的，应当提交说明书附图），权利要求书、摘要（必要时应当有摘要附图），各一式两份。申请外观设计专利的，申请文件应当包括：外观设计专利请求书、图片或者照片，各一式两份。要求保护色彩的，还应当提交彩色图片或者照片一式两份。提交图片的，两份均应该为图片，提交照片的，两份均应为照片，不得将图片或照片混用。如对图片或照片需要说明的，应当提交外观设计简要说明，一式两份，委托专利代理机构申请的需要提供有专利权人签章的委托代理协议。

（一）专利申请文件的撰写方式

机械技术领域的专利申请文件可以采用传统描述/撰写方式，也可以采用功能性限定撰写方式。传统描述方式是指按照机械组件、部件、零件或构件间的位置关系、连接方式、形状结构等对技术方案进行撰写。功能性限定的撰写方式是指利用组件、部件、零件或构件所实现的功能来描述技术方案。

功能限定的撰写方式与传统描述方式相比，具有下列特点：

第一，保护范围宽。传统描述方式侧重具体实施方式，而采用零部件的功能来描述权利要求书中的技术方案，其范围覆盖实现该功能的所有技术手段，正好弥补了采用零部件具体连接方式或结构所形成一种较为具体技术方案导致范围窄的缺陷。

第二，撰写难度高。由于功能性限定的概括应当体现各具体实施方案中技术特征的共有特征，这对专利代理人的概括能力和对技术的理解、提炼有较高要求。

第三，实施例多。功能性概括要得到说明书的支持，说明书中应当具备多个技术实施手段来体现所概括的功能，而这些技术实施手段就是实施例，通常采用传统机械技术领域申请文件的撰写方式来描述。

（二）权利要求书的撰写

权利要求书中记载的权利要求是专利权的核心内容，有人认为现代专利法是名为权利要求的游戏。发明或者实用新型的权利要求通过其技术特征形成的技术方案来限定专利的保护范围。在发明或者实用新型专利申请获得授权之后，权利要求不仅是确定专利权保护范围的根据，而且是价值评估、许可转让的基础以及专利侵权判定的依据，具有直接的法律效力。

权利要求书应当说明发明或者实用新型的技术特征，清楚、简要地表述请求保护的范围。权利要求书应当以说明书为依据，说明发明或实用新型的技术特征，限定专利申请的保护范围。在专利权授予后，权利要求书是确定发明或者实用新型专利权范围的根据，也是判断他人是否侵权的根据，有直接的法律效力。

权利要求分为独立权利要求和从属权利要求。独立权利要求应当从整体上反映发明或者实用新型的主要技术内容，它是记载构成发明或者实用新型的必要技术特征的权利要求。从属权利要求是引用一项或多项权利要求的权利要求，它是一种包括另一项（或者几项）权利要求的全部技术特征，又含有进一步加以限制的技术特征的权利要求。

进行权利要求的撰写必须十分严格、准确、具有高度的法律保护和技术方面的技巧。权利要求书有几项权利要求的，应当用阿拉伯数字顺序编号。权利要求书中使用的科技术语应当与说明书中使用的科技术语一致，可以有化学式或者数学式，但是不得有插图。除绝对必要的外，不得使用"如说明书……部分所述"或者"如图……所示"的用语。权利要求中的技术特征可以引用说明书附图中相应的标记，该标记应当放在相应的技术特征后并置于括号内，便于理解权利要求，附图标记不得解释为对权利要求的限制。权利要求书使用规范的语言，如："所述的××××××，其特征在于"，同一个权利请求项中间不得使用句号，通常是通过下载与所申报的专利相近的已授权专利作为范本进行撰写。

（三）说明书的撰写

说明书是发明和实用新型专利申请充分公开其发明创造的基石。作为权利要求概括的依据，说明书还用于解释权利要求的内容，并成为审批、复审和无效宣告过程中修改权利要求不超范围的根据。

说明书应当写明发明或者实用新型的名称，这个名称应当与请求书中的名称一致。说明书应当包括下列内容：

第一，技术范围是指申请保护的技术方案所属于的某一技术范围。

第二，背景技术，列出那些有助于检索、审查和理解的相关的技术，如果可能的话，并引用能够体现出相关技术的文献。

第三，在发明过程中，要详细描述发明或者实用新型所要处理的技术问题，还有为处理技术问题而采取的技术方案，并与现有技术相比较，详细描述发明或者实用新型的有利效果。

第四，带有图示的要标明内有说明书图示，并且对各图示进行简要说明。

第五，具体的实施例中，应详细描述申请者认为对本发明或实用新型的最佳实施方案的看法，如有必要，可提供实例；有图示的，参照图示。

发明或者实用新型专利申请人应该根据前款所述的方法和次序来编写说明书，并在每个部分之前将标题写清楚，如果使用了其它的方法或者次序来编写，则可以节省说明书的篇幅，并让别人可以对正确理解发明或者实用新型。

发明或者实用新型的说明书应该用词规范，语句清晰，并不能使用"如权利要求……所述的……"之类的引用语，也不能使用商业性的广告用语。

对于具有一种或多种核酸或氨基酸序列的发明专利，应当按照国务院专利管理部门的要求，将其列明。申请人应将顺序清单作为规范的一部分，并根据国务院专利管理机构的要求，提供了顺序清单的电脑可阅读版本。

（四）说明书附图的绘制

说明书附图被称为"工程师的语言"，发明或者实用新型专利通过说明书附图，如结构图、流程图、框图、电路图、仿真图、表征图、效果图等来补充、验证权利要求书和说明书文字部分的描述，使之能够直观、形象地表示技术方案和技术效果。

说明书附图不仅可以作为修改权利要求书和说明书的依据，还可以用于解释权利要求。

使用图样的附图，须以画图工具及黑墨作画，画出的图样，必须清晰、一致，深浅适中，不得有颜色或涂改。断面上的切线不可以影响标志标记和主要线条的清晰辨认。

多个附图可以同时画在一个图面上。一张总体图可以用多个图面画出来，但必须确保每一个图面都相互独立，并且在所有的图面拼凑成一张完整的总体图时，它们的清晰度并不会受到其他图面的影响；图表的四周不能用框线。

若所附图纸超过两张，则须按阿拉伯数字排序，并以"图"开头，如图1和图2等。各附图应该尽可能竖着画，相互间有明确的隔开。如果部件的横向长度比垂直长度要大得多，则应该把图形的上端放在图表的左侧。一张纸张上有两张或更多的图表，其中一张横向排列，则另一张也应该横向排列。

参考符号的标号必须以阿拉伯数字表示。若在不同的图中存在着同样的部件，则应该采用同样的参考数字，在一件专利申请的各文件中，例如，权利要求书摘要，说明书及附图等，应该用同样的参考数字来代表同样的部件，但是并不需要每幅图中的参考数字都连续。

图样尺寸要适中，要清楚地显示图样上的每个细节，并且适用于用摄影版、缩微和静电复印技术进行大规模复印。

同一张图样，按同样的比例尺作画，为便于各部件的展示，可另加一张局部放大图。除了必须的字眼，图片上不能包含任何额外的说明。图表内的词汇应该用中文表示，如有需要，可以在后面加个括弧。

流程图、方框图，应按图处理，并在方框中注明所需的字符和标志。如有需要，则可将相片粘贴于图纸上作附图，比如，当呈现出金相结构或组成细胞时。

（五）说明书摘要的撰写

说明书摘要应当写明发明或者实用新型专利申请所公开内容的概要，即写明发明或者实用新型的名称和所属技术领域，并且清楚地反映所要解决的技术问题、解决该问题的技术方案的要点以及主要用途。

说明书摘要可以包含最能说明发明的化学式；有附图的专利申请，还应当提供一幅最能说明该发明或者实用新型技术特征的附图。附图的大小及清晰度应当保证在该图缩小到 4cm×6cm 时，仍能清晰地分辨出图中的各个细节。

摘要文字部分不得超过 300 个字。摘要中不得使用商业性宣传用语。

二、专利申报

专利权的申报和保护必须依照国家的有关法律和规章，而专利文档又因具有法定的性质而对写作有着很高的要求。在申请过程中，申请人可以通过自己的方式完成申请，也可以通过授权的方式完成申请。虽然，专利代理并非强制要求，但出于对申请材料认真书写和审查流程严格的考量，还是应建议初出茅庐的申请人采用专利代理。

在委托专利代理时，应当先签署授权委托书，以明确授权内容及授权范围。专利代理的业务涉及的领域非常广泛，不仅包括申请专利、请求撤销专利权和专利权宣告无效，还包括专利许可、专利纠纷、专利权的转让、专利诉讼、文献检索等。因此，在委托专利代理人处理专利问题时，一定要有一份详尽的委托书，不要用一个含糊不清的"全权委托"来总结委托的内容和权利，而是要一条一条地写清楚；不然的话，往往会导致委托双方对委托事项产生误解，从而导致各自的损害，更加严重的还有可能导致自己的权利被剥夺，从而给委托人的权益带来不可挽回的损失。如上文所述，申请发明或实用新型，去写作。

（一）专利文件的准备和提交

向专利局申请专利或办理其他手续的，可以将申请文件或其他文件直接递交或寄交给专利局受理处或上述任何一个专利局代办处。

发明或者实用新型专利申请文件应按请求书、说明书摘要、摘要附图、权利要求书、说明书、说明书附图和其他文件的顺序排列。

外观设计专利申请文件应按照请求书、图片或者照片、简要说明的顺序排列，申请文件各部分都应当分别用阿拉伯数字顺序编号。

（二）专利申请及其审查流程

发明专利申请的审批程序包括受理、初审、公布、实审以及授权五个阶段。实用新型或者外观设计专利申请在审批中不进行早期公布和实质审查，只有受理、初审和授权三个阶段。

以委托代理机构办理专利申请为例，一个发明专利从申请到授权一般要经历下述程序：

第一，提供交底书，委托代理机构撰写申请文件，通常要 20 天到一个月时间。

第二，递交申请文件，取得专利局的受理通知书，确定申请日，递交文件当日也可以递交提前公开声明及请求实质审查，这样可以加快审查进程。

第三，专利局对专利申请文件进行形式审查，2 ~ 3 个月，初审合格后进入公开准备阶段。

第四，专利局公开发明申请文件，6 ~ 8 个月。

第五，专利局对发明专利文件进行实质审查，一年半到两年，期间审查员就发明的实质内容，即新颖性、创造性、实用性问题和申请人沟通，来回沟通可能往复数次，申请人可能需要按要求进行补正。

第六，专利局发出授权通知书。

第七，申请人办理领取专利证书手续。

第八，2 ~ 3 个月后拿到专利证书。

整个过程持续 2 年半到 3 年，具体时间取决于审查员的审查速度与申请人交底资料的翔实程度。

对实用新型、外观设计等专利进行初审，对发明专利进行实审，符合条件的，可以颁发批准证书，并颁发注册证书。在收到批准和注册的通知后，必须在两个月内完成注册，并支付所需的注册费用。在指定的时间之内，完成注册，并支付所需的费用，由专利局给予专利，发给专利证书，记载于专利登记册，在公布之日，即为有效。如果没有在要求的时间里按照要求注册，就被认为是弃权。

（三）专利电子申请

电子申请，是指通过网络作为传播媒体，按照相关规范，以电子文档的方式提交给国家知识产权局的一项专利申请。申请人能够使用该电子申请系统，将发明、实用新型、外观设计的专利申请和中间文件，还可以同中国国内的国际申请和中间文件一起提交给国家知识产权局。

使用电子申请步骤如下：

第一，首先办理用户注册手续，获得用户代码和密码。

第二，登录电子申请网站，下载并安装数字证书和客户端软件。

第三，进行客户端和升级程序的网络配置。

第四，制作和编辑电子申请文件。

第五，数字证书签名电子申请文件。

第六，提交电子申请文件。

第七，接收电子回执。

第八，提交申请后，可以随时登录电子申请网站查询电子申请相关信息。

第九，通过电子申请系统接收通知书，针对所提交的电子申请提交中间文件。

三、专利保护的技术主题

机械技术领域申请专利的技术主题分为产品和方法，主要包括下列类型：

第一，一种系统或生产线，往往由多台设备连接组成，如一种石膏板生产线。

第二，一种设备，由一些部件或功能模块构成，如一种车床、机床等。

第三，一种设备的部件、功能模块或机构，能够实现某种特定功能，如一种传送机。

第四，一种机械零件，对其结构或形状进行改进，如一种汽车传动轴、齿轮。

第五，为生产产品而设计或改进的工具、工装、模具或夹具等，如一种改锥。

第六，机械技术领域的各种工艺方法及其改进，如加工方法、装配方法、检测方法、控制方法、施工方法、焊接工艺、热处理工艺、铸造工艺及冲压工艺等。

第三节　专利规避设计的流程

"专利规避，又称专利回避，是一种为避开其他竞争者公司专利权利要求的阻碍或者袭击而进行的新设计绕道发展的创新设计过程，已经成为企业自身发展以及突

破专利壁垒的重要条件与方法之一。"❶

一、问题分析

（一）系统功能分析

确定工程问题后，从技术系统的基本功能入手，识别技术系统的主要功能以及系统和超系统，仔细、全面地分析技术系统的基本功能、辅助功能。精确描述最初模糊的问题，依次进行组件分析、组件相互关系分析，为了进一步分析、描述、解决问题提供条件和依据。

（二）因果链分析

采用因果链分析的方法，找出需要描述的关键问题，在建立因果链模型时，高阶原因与低阶原因是映射的关系，建立原因集合 $M = \{$对象，参数，状态$\} = \{a, b, c\}$，一阶原因 $M_1 = \{a_{11}, b_{12}, c_{13}\}$，二阶原因 $M_2 = \{a_{21}, b_{22}, c_{23}\}$，依此类推，建立因果链矩阵 $T = \{a_{n1}, b_{m2}, c_{p3}\}$，其中 n、m、p 分别为对问题原因有作用的对象、参数、状态个数，采用程序流程图进行编程，建立了因果链分析矩阵。

在工程实际中，通常是技术人员结合自己的知识储备对问题进行因果分析，由于技术人员的主观因素，原因分析可能会不完整，而通过因果链模型，在因果链矩阵中，找到所有对问题有作用的对象、参数、状态，然后对原因进行逐层分析，有助于全面而完整地寻找问题产生的原因。

（三）核心问题

通过因果链分析，可以得到产生问题的各种原因，对问题有影响的原因有很多，不需要每个都去解决，结合现有工作条件、技术背景以及工艺加工条件，确定对问题有较大影响的原因，通过简化问题模型，得到需要解决的核心问题。

---

❶ 李辉. 基于技术与制度约束的机械产品专利规避设计研究 [D]. 天津：河北工业大学，2016：5.

（四）功能一般化处理

把系统的关键功能按照"动词＋名词"的方式做出一般化分析，禁止使用专业术语。通过使用常用的功能动、名词表能够避免对问题的理解出现较大的局限性，使分析者能够把握技术系统的关键功能，方便进一步明确问题。

通过以上步骤，将问题从实际情景中抽象出来，进行一般化转化，功能的行为和对象双管齐下，得到通用问题模型，可扩大技术解决方案适用的范围，消除了潜在的特定行业限制，打破了思维和心理障碍。

二、专利分析/领先领域搜索

要想有效地避开已有的技术，首先要对已有的技术进行定位。如果在该领域中，技术发展相对成熟，那么可以在整个学科领域中搜索，利用专利查询，获得与该领域有关的重要专利和核心专利，为专利规避提供了基础。

但因各产业的发展程度不一，该领域中存在的一些难点，在其它领域中也存在。因此，对于通用处理后的功能，可以在领先领域中找到可以解决问题的类似先进技术方案，将其移植到自己的领域中，如此就可以降低时间、人力及研发经费等资源的耗损。

在展开专利搜索前，要对专利展开深度的技术考察，并对各个信息和技术文献进行分析，从而了解问题所在领域的发展现状。假如这个问题在该领域内没有得到解决，那就找到一个领先的领域，并将技术解决方案移植到这一领域。如果技术问题可以在现有的技术中得到解决，那么就可以在现有的技术中检索。

三、进化树/技术迁移

进化树可以将技术系统演化规则的路径可视化地呈现出来，展示出技术系统发展的全貌，对于研发产品的前景进行预测，并在此基础上选择商业战略，从而提出技术系统达成创新的重要方案，并避免出现竞争对手的专利。

与经典 TRIZ 的进化理论相融合，以进化定律为依据，做出更深层次的发展。进化树将原来的八大进化道路提炼为十条进化道路，并且将其串联在一起，形成了树状结构。

以下是系统进化树的建立方法：

第一，以专利搜索的结果为依据，将主流的演化道路选为进化树的主干，通常情况下，会选择具有非常显著变化的演化道路，比如分裂道路或单—双—多扩展道路。

第二，构建第二层级的进化路线，并且尽可能构建动态路线。否则，首先构建单—双—多路线、裁剪路线和分割路线，其次是表面特性路线、内部结构路线、几何路线。

第三，在检查单—双—多路线、裁剪路线和分割路线之后，就可以构建出第三层次的动态路线。在动态路线之后，构建出可以提升可控性的路线。

第四，搜索并且将信息补充完整，尤其要明确和完善进化树的构建。

基本进化树是综合、抽象、有序化地综合技术系统演化特性，能较好地体现出技术系统演化的具体过程。将所建立的进化树与基本进化树比较，找出技术空白，从而明确出专利规避的方向以及要规避的专利，为下一步的专利规避奠定基础。

与技术功效矩阵相联系，将所获得的核心专利与重要专利相结合，对专利要完成的功能有哪些，还有它的每个组件所要完成的功能有哪些，使用什么样的方式来完成此功能，构建出功能构件列表，对已有的专利功能和构件展开功能的重新分配和替代，从而将系统问题解决掉，进而达到专利规避的目的。

四、专利规避

（一）功能分析

对选定专利进行功能分析，首先进行系统组件分析，分析清楚系统组件、子系统组件、超系统组件，然后进行组件相互关系分析，建立组件相互关系矩阵，最后建立功能模型，作为专利规避基础。

（二）技术功效矩阵

根据专利规避设计策略，应用技术功效矩阵，对于选定专利中的功能和组件进行替代，在替代时会产生次生问题，对于这些问题利用 TRIZ 知识进行解决。

（三）功能裁剪

对功能模型进行裁剪，在实际应用中使用的是下面 5 条裁剪法则：

第一，如果移除对象是功能受体，那么功能载体可以被裁剪，在对基本功能裁剪中不适用。

第二，如果有用功能被移除，那么功能载体可被裁剪。

第三，如果功能对象自身可以执行有用功能，那么功能载体可以被裁剪。

第四，如果另一组件可以执行其有用功能，那么功能载体可以被裁剪，需要确定新的功能载体。

第五，如果超系统组件可以执行其有用功能，那么功能载体可以被裁剪，需要确定新的功能载体。

对于裁剪后得到的二级问题，应用 TRIZ 中的冲突矩阵和 40 个发明原理等工具进行方案求解，得出解决方案。为了防止这个方案被竞争对手规避，裁剪可能进行不止一次。

应用裁剪算法可能会得到不止一个裁剪变体，价值评估的方法不同、实际应用环境等问题都影响了裁剪变体的选择，通常要从技术推广、工艺条件和市场价值等方面综合考虑确定最终的解决方案。

（四）侵权判定

按照专利侵权判定流程对所得方案进行专利侵权判定，若判定未侵权可申请专利，如果判定有侵权行为则重新进行专利规避。

第八章 机械创新设计的应用实践

第一节 机械造型创新与反求创新设计应用

一、机械造型创新设计

随我国机电产品的生产水平不断提升，人们对于机电产品的造型要求越来越高，因此机械造型创新设计显得尤为重要。"在机械结构设计中引进先进创新思维，有利于促进机械结构的最优化，使机械设备在运行中发挥最大的效能。"❶ 所谓的机械造型设计不仅是一门艺术，也作为一门学科在众多高校开设，主要是完成机电产品的造型设计，有时还会涉及人机关系等众多方面，是一门综合性与实践操作性很强学科，主要是将创新型技术与机电产品外形完美融合，追求艺术和技术的相互渗透，最终达成统一，既不是纯工程设计，也不是纯艺术设计，而是将技术与艺术结合为一体的创造性设计活动。在不改变产品的功能和使用体验的前提下，对机电产品的外形、外部结构进行完善与创新，实质上是为了提升产品的竞争力，进而带来可观的收入。颜色、材质、操作感都是机械造型设计的重要指标，只有当众多指标满足人们的需求，才会带给消费者优质的体验感。在进行机械造型创新设计的过程中，不能只考虑机电产品的外观，还要综合考虑其功能与操作，这才是真正意义上的创

---

❶ 唐伟. 创新设计在机械结构设计中的应用 [J]. 南方农机，2019，50（22）：15.

新设计。无论是生产商家还是消费者对于机电产品的造型的设计都十分看重，因此造型的创新对于机电产品设计而言显得尤为重要。造型的创新要融入众多艺术元素，主要是为了满足消费者的审美要求，但是也不能忽略机电产品的质量与功能。

（一）造型设计的原则

机电产品造型设计是产品的科学性、实用性和艺术性的结合，其设计的三个基本原则具体如下：

1. 美观原则

在造型设计的过程当中，美观原则占据着主导地位，既然是造型创新设计，产品所体现出的美感以及艺术感就显得尤为重要，产品美观所囊括的内容很多，其中就包括结构、材料、整体效果等众多方面。产品的造型美与产品的功能以及体验感是息息相关的，任何一个机电产品在追求造型美的过程中，都不能忽略实用原则并且还需要解决成本，应当将材料高度利用，在最节省材料的基础上打造出完美的外形。而形式美只是造型美的一个分支，二者是包含关系，形态美主要追求的是产品的外观，主要是颜色、材质、构造等。不同的颜色以及材料，为消费者带来的体验感会存在一定差异性，这就要求材料与功能在某种意义上应当相互统一。

美是一个相对的概念，所有的美与丑都是相对而言的，因此世界上没有一个绝对的标准来评判美。人的审美随着时代的前进而变化，随着科学技术、文化水平的提高而发展。因此，造型创新设计无论在产品形态、色彩设计和材料的应用上，都应该使产品体现强烈的时代感。

产品造型创新设计需要考虑社会性。性别、年龄、职业、地区及风俗等因素的不同，必然导致审美观的不同，因此，产品的造型要充分考虑上述因素的差异，必须区分社会上各种人群的需要和爱好。机电产品造型创新设计由于涉及民族艺术形式，因此也体现出一定的民族风格。由于各自的政治、经济、地理、文化、科学及民族气质等因素的不同，每个民族所特有的风格也不同。以汽车为例，德国的轿车线条坚硬、挺拔；美国的轿车豪华、富丽；日本的轿车小巧、严谨。它们都体现出各自的民族风格。民族感与时代感必须有机、紧密地统一在一个产品之中。随着科技的进步，产品功能的提高，在现代高科技机电产品中，民族风格被逐渐削弱，例如现代飞机、轮船等只是在其装饰方面尚能见到民族风格的体现。

2. 实用性原则

实用性原则作为造型设计中的另一大基本原则，主要是追求产品能够到达某种预设的功能。用途与功能二者相互影响，且存在一定的制约关系，其用途在一定程度上决定了其功能，而二者对于产品的外形与构造又会产生重要的影响。下面就产品功能设计中所涉及的方面进行简单论述：

（1）良好的工作性能。无论是从力学的角度、化学的角度或物理的角度分析，产品都能够达到特定的指标，这就说明此产品的工作性能良好，在机电产品造型创新设计的过程中，应当重视产品的工作性能，并且将外形与性能完美融合。

（2）功能强大。机电产品的功能越强大，其应用的范围以及使用的体验都会大幅提升，若想将机电产品的功能进行完善并且不是一件容易的事情，结构会变得更加复杂，技术难度会不断加大，因此机电产品在完善其功能时应当综合考虑。

（3）使用体验以及科学性。消费者的使用体验始终是产品生产的首要考虑因素。随着社会的飞速发展以及人民生活水平的不断提升，人们对于产品的性能、精密程度、智能程度的要求越来越高。这就给操作者造成了较大的精神和体力负担。因此，设计师必须考虑产品形态对人的生理和心理的影响，操作时的舒适、安全、省力和高效已成为产品结构和造型设计是否科学和合理的标志。上述所提到的性能与产品功能息息相关，具体体现在产品的性能在一定程度上会影响产品某种功能的充分发挥。

在机电产品创新设计的过程中，通常离不开人机关系理论的支撑，只有设计出合理的人机关系，产品的科学性才能有所保证，产生的使用效果才会显著提升，人机关系理论是人机工程学的核心与重点，它要求产品的功能组使用体验必须符合人体特点。例如，用于书写记录的台面高度必须适应人体坐姿，以便书写记录时舒适方便；用于显示读数或图像的元器件必须处于人的视野中心或合理的视野范围之内，以便准确而及时地读数、观察。随着生产、科研设备等不断向高速、灵敏、高精度发展，综合生理学、心理学以及人机动作协调等的人机工程学，成为工业设计中不可缺少的组成部分。

3. 经济原则

经济原则作为机械造型创新设计的最后一大基本理论，它要求产品的销售价格与市场、产品高度统一，造型设计直接或间接地影响产品的销售价格。随着社会的进步，物价持续上涨，再加上新型材料层出不穷，这对产品外型设计产生了巨大的影响。较为廉价的材料通过加工与处理就会为消费者带来不一样的外观体验，这样廉价的材料，不但节约成本还对产品外观进行了一定完善。

但坚持经济原则并不意味着持续降低成本，而是在不影响产品质量、功能的前期下，尽可能地节约并降低成本，通过材料、空间、零件等加工处理，从而达到节约成本的效果。经济的概念有其相对性，在造型设计过程中，只要做到物尽其用、工艺合理、避免浪费，应该说就是符合经济原则的。

总之，一味地压缩成本或者只为追求机电产品的外形，但不综合考虑其功能以及性能，这样的产品最后只会被市场淘汰，被消费者遗忘。所以，在机电产品造型创新设计中，要在综合考虑之下进行外型结构的设计，无论是何种外型设计方法，就应当以消费者的体现为主，尽可能满足消费者的消费需求，综合考虑人机关系的设定，在节约成本的情况下打造出完美造型。

（二）实用产品造型设计

创新设计的对象是产品，然而设计的目的是满足人的需要，即设计是为人而设计的，产品创新设计是人需要的产物，所以满足人的需要是第一位的，机电产品包含以下三个基本要素：

第一，物质功能就是在产品使用过程中所涉及的全部作用，物质功能直接决定了物质能够立足于市场的基本要求。物质功能无论是对产品的外形还是构架的设计都起着十分重要的作用。

第二，产品的材料、构架、技术等都是实用产品的技术条件，只有当技术条件达标后，产品的质量与性能才能够有所保证，技术条件也会随着社会的发展而不断提升。

第三，艺术造型实质上是产品功能的一种，与传统功能最大的不同就在于艺术造型所表现出的是一种精神功能。但是为了能够更好地满足消费者对产品外型的要求，产品的这种功能就主要体现在产品完美的外形上。

上述所提到的三种基本要素均对机电产品产生一定的影响，三者之间相互影响、相辅相成，最终实现产品的特定功能，在产品功能实现的过程中往往需要技术条件的支持，技术条件的优势不言而喻，不管是对于产品生产方向，还是产品的价格定位都会产生巨大的影响。造型艺术尽管渗透进了一些艺术性的元素，但其外观、构架都会受到产品功能或性能的影响。产品要设计成各种形态或结构都要考虑产品的功能，在一定程度上产品的功能实现对产品的外观设计产生了制约。除此之外，影响造型创新设计的另一大因素则是技术条件，由于技术条件存在一定的差异，因此产品的外观会受之影响。总之，随着技术条件的不断提升以及产品功能的不断完善，对于设计者提出了新的要求与挑战，设计者必须在经济、实用的基础上设计出造型独特的创新型产品。

总之，产品造型创新首先应保证物质功能最大限度地、顺利地发挥，即其实用性是第一位的。工业造型设计最重要的追求则是实用，只有满足消费者心目中实用这一重要原则，产品的各种功能才可以充分体现。随着产品的不断升级，在实用的基础上还有融入一定的艺术性，艺术元素可以充实产品的特殊的精神功能。每一代人有每一代人独特的审美标准，产品的设计应当顺应时代的发展并且紧跟潮流。以汽车设计为例，设计者不仅要考虑到汽车的外观，还要考虑其安全、操纵感、舒适程度等众多方面，而不能仅仅只为了追求车的外观而忽略车内设计。机床设计与汽车类似，不能将设计核心放在外观设计上，而是应当精确到每一个零件的设计，保证使用者的安全并且提升他们的使用体验。常见的机床颜色为灰色或者非常浅的绿色，这也是为了可以带给使用者更为舒适的使用体验，保证操作的安全。

任何一件产品的功能都是根据人们的各种需要产生的，如需要节省洗衣的时间及体力，才会有洗衣机的出现；因为食物的保鲜需求，才会出现电冰箱。此外，可靠性是衡量产品是否实用及安全的一个重要指标，也是人们信赖和接受产品的基本保障。可靠性包括安全性（即产品在正常情况下及偶然事故中能保持必要的整体稳定）、适用性（即产品正常工作时所具有的良好性能）和耐久性（即产品具有一定的使用寿命）。为此，在产品设计、制造、检验等每一个环节中，充分重视可靠性分析，才能保证人们安全、准确、有效地使用产品。造型创新对功能具有促进作用，若忽视了人们对产品形式的审美要求，将削弱产品物质功能的发挥，让产品滞销，最终被淘汰。

（三）人机工程与造型设计

人机工程与造型有着密切的联系。人机工程学是一门运用生理学、心理学和其他学科的有关知识，要构造合适的人机关系，打造一种安全、舒适的环境，提升工作的效率与工作质量。随着我国生产力的大力发展以及高新技术产业的飞速发展，使用者与设计者对于产品的精确度、精密程度的要求越来越高，因此对于设计者而言，设计良好的人机关系以及产品功能显得尤为重要。只有当消费者使用产品后，其功能才能够得以发挥，因此功能的实现决不能离开一定的人机协调，当然，其功能与产品的性能也密切相关。对于任何机械产品的生产而言，造型设计的好坏会直接影响产品的销量与使用，对于一些生活中常用的产品而言，设计者也在不断地进行创新与完善，最后实现产品性能、功能得进一步提升。

机电产品造型创新设计应根据人机工程学数据来进行，人机工程学数据是由人的行为所决定的，即由人体测量及生物力学数据、人机工程学标准与指南、调研所得的资料构成。根据常用的人体测量数据、各部分结构参数、功能尺寸及应用原则等设计人体外形模板和坐姿模板，再根据模板进行产品的造型设计。例如，在汽车、飞机、轮船等交通运输设备设计中，其驾驶室或驾驶舱、驾驶座以及乘客座椅等相关尺寸，都是由人体尺寸及其操作姿势或舒适的坐姿决定的。但是由于相关尺寸非常复杂，人与机的相对位置要求又十分严格，为使人机系统的设计能更好地符合人的生理要求，常采用人体模板来校核有关驾驶室空间尺寸、方向盘等操作机构的位置、显示仪表的布置等是否符合人体尺寸与规定姿势的要求。

人机工程学的显著特点就是在认真研究人、机、环境三个要素本身特性的基础上，不单纯着眼于个别要素的优良与否，而是将操纵"机"的人和所设计的"机"以及人与"机"所共处的环境作为一个系统来研究。在这个系统中，人、机、环境三个要素之间相互作用、相互依存的关系决定着系统的总体性能。人机系统设计理论就是科学地利用三个要素之间的有机联系来寻求系统的最佳参数，让设计师创造出人—机—环境系统功能最优化的产品。

在创新设计某些手持式产品时，要求既能适应强力把握，又能准确控制作用点，也就是说，手动工具需要适合手的形状。它们能够保证手、手腕和手臂以安全、舒适的姿势把握，达到既省力而又不使身体超负荷的目的。因此，手动工具的设计是一件复杂的遵照"便于使用"的原则，设计合理的手柄能让使用者在使用工具（产品）时保持手腕伸直，以避免使腱、腱鞘、神经及血管等组织超负荷。一般来说，曲形手柄可减轻手腕的张紧度例如，使用普遍的直柄尖嘴钳通常会造成手腕弯曲施力；对其设计进行改进，使尖嘴钳的手柄弯曲代替手腕的弯曲。同样，园艺修枝手柄的弯曲造型也是比较合理的创新设计实例。

在进行工具手柄创新设计时，可以考虑采用贴合人手的"适宜形式"，而不是使用平直表面，但这适合于为某人定做。需要注意的是，在使用创新设计方法将手柄创新设计成贴合人手的形状时，由于人手的形状差异很大，这样的设计反会使工具变得更不舒服，手柄上制出的凹痕或锯齿痕与手指和掌心接触反而更不舒适。

在日常生活中，电动工具出现的十分频繁，尤其是手持式电动工具，常见的手持式电动工具有剃须刀和榨汁机等，当然也有功率较大的手持式电动机，如：修剪机、链锯等。如果需要设计此类工具就必须考虑多重因素，不仅要考虑到人机关系，还有安全、噪声等。例如，气动冲击钻，其手柄倾斜角度可以避免冲击力作用于手腕，整体设计重心合理，造型均衡，握持轻松。

人机工程学所包含的内容很多，其他如显示器、控制器的设计以及人机工程详细的设计方法和过程可参考有关人机工程学的资料在创新设计时，除了考虑人机工程学外，还要从人体工学的角度进行思考。人体工学与人机工程学类似，均为机电产品设计的相关理论学科，人体工学主要是研究人在使用工具的过程中最符合使用者的形态。

（四）美观与造型设计

人们从心理上感受到的美好客观事物就是美，站在造型创新设计的角度上看，消费者更容易被美的产品所吸引，因此在造型的创新和设计上要能够从心理上带来美感，所以设计要基于美学法则，但是切忌生搬硬套，要根据实际情况进行分析，这样才能让造型更具美感。

产品造型与艺术造型是存在区别的，它在色彩、空间、点、线、面、体等方面的构成上不仅会用不同的工艺，还会使用不同的材料，让产品从韵律和节奏上展现出不一样的美，对产品特点进行充分的表达，让人们在心理上获得感受。但产品造型是存在双重性的，当它以物质产品呈现的时候，就会具有使用价值；而当它以艺术作品呈现的时候，就会让人们感到舒适、愉快和安宁，从精神上满足人们，带来相应的艺术感染力。在造型创新设计的过程之中，不可以将产品在物质上与精神上的功能分开，要将二者紧紧相连，相比于其他艺术作品，这也是机电产品造型创新设计最大的不同之处。因此，工业造型创新设计与艺术作品和工程技术设都是不同的。

例如，在进行产品的比例造型创新设计时，若比例失调，则视觉效果没有美感。造型对象整体和局部以及每个部分之间不同的长短和大小就是比例，也包括某一局部构造本身的长宽高三者之间量的关系。

产品造型的尺度比例、色调、线型、材质等不仅影响产品物质功能的发挥，而且对于某些产品（如家具、日用品等），造型甚至可以决定这些产品的物质功能。"功能决定形式，形式为功能服务"这一原则，并不是说所有功能相同的产品，都具备相同的形式。在一段时期内，即使功能不变，同类产品的造型也应随着时间的推移而变化，就是在同一时期内，相同功能的产品也会具有不同的造型，以适应人们不断变化和发展的审美要求。任何一种机电产品，不存在既定的造型形式，新设计方法也不能让习惯约束造型形式，只有如此才可以创造出新颖多样、具有强烈时代感的创新产品。

1. 造型与形态

形态是物体的基本特征之一，是产品造型创新设计表现的第一要素。产品形态有原始形态、模仿的自然形态、概括的自然形态和抽象的几何形态等。形态设计主要有模仿设计法和创造设计法。模仿设计法就是通过对已经存在的形态进行概括、提炼、简化或变化而得到产品形态的一种造型方法。根据模仿的对象可以分为自然形态模仿法（如模仿山川河流的形态、动物的形态、植物的形态甚至是微生物的形态）和人工形态模仿法（即把前人或他人创造的某种类型形态用于其他类型产品的形态中）。自然形态模仿法进一步可细分为无生命的自然形态模仿法和有生命的自然形态模仿法，而后者就是人们所说的仿生形态法。创造设计法就是设计师从产品的特点和需要出发，根据以往的经验，并且抓住某一瞬间的灵感而设计出全新的产品形态的一种方法，其主要依据的是形式美原则，如变化与统一、对称与平衡、重复与渐变、尺度与比例等。

产品形态是产品为了实现一定目的所采取的结构或方式，是具备特定功能的实体形态。形态的设计必须注意整体效果，但不能满足于在特定距离、特定角度、特定环境条件下所呈现的单一形状。如茶杯，在满足装水、喝水功能和形态美观的同时，进一步考虑手握方便、便于清洗、合理的摆放等因素，那么创新设计的造型就起到了对功能进行补充和完善的积极作用。也就是说，形态是为功能服务的，它必须体现功能，有助于功能的发挥，而不是对功能进行阻碍。

机电产品的立体形态大部分是由简单的几何抽象形态或者有机抽象形态组成，通常是这两者的结合几何形态为几何学上的形体，是经过精确计算而做出的精确形体，具有单纯、简洁、庄重、调和、规则等特性。几何形体可分为三种类型：圆形体，包括球体、圆柱体、圆锥体、扁圆球体、扁圆柱体等；方形体，包括正方体、方柱体、长方体、八面体，方锥体、方圆体等；三角形体，包括三角柱体、六角柱体，八角柱体、三角锥体等。有机抽象形态是指有机体所形成的抽象形体（如生物的细胞组织、肥皂泡、鹅卵石的形态等），这些形态通常带有曲线的弧面造型，形态显得饱满、圆润、单纯而又富有力感。例如，卧式脚踏车是将几何抽象形态和有机抽象形态相结合的形态设计实例，其形态设计与人机工程学原理十分相符，与普通脚踏车相比，使用更加舒适；锤子手柄的形态设计，其手柄曲面的凸起恰好适合掌心，并且能自动引导手掌滑向最适宜的抓握位置。

形态的统一设计有两个主要方法：一是用次要部分陪衬主要部分；二是同一产品的各组成部分在形状和细部上保持相互协调形态的变化与统一，就是将造型物繁复的变化转化为高度的统一，形成简洁的外观，简洁的外观适合现代工业生产的快速、批量、保质的特点。

在造型设计中，常常利用视错觉来进行形态设计。视错觉矫正就是估计会产生的错觉，借助视错觉改变造型物的实际形状，在视错觉作用下使形态还原，从而保证预期造型效果。利用视错觉就是"将错就错"，借助视错觉来加强造型效果。如双层客车的车身较高，为了增加稳定感通常涂有水平分割线，利用分割视错觉使车身显得较长。此外，汽车上层采用明亮的大车窗，下层涂成深暗色，更加强了汽车的稳定感。在实际生活中，视错觉现象多种多样，因此，在产品造型设计中，应注意矫正和利用这种视错觉现象以符合人们的视觉习惯，取得完美的造型创新效果。

2. 造型与材质

产品造型构成的物质技术条件包含了工艺、结构和材料等。从造型处理的角度上看，应将产品材料自身携带的美感充分体现出来，科学的使用材料，充分表现出材料的艺术表现力，如光泽、色彩、处理和触感等，让色、质、形在造型中达到一致。每一个产品的组成依靠的都是材料，要想把设计方案的内容充分展现出来，就要将产品所用材料的质感淋漓尽致地表现出来。

能否将材料在造型时进行合理的运用并将其质地美充分展现出来，是现代工艺水平和现代审美观念的双重体现，从美的表现上看，产品功能应和材质特征达到统一。物质表面是精细的还是豪迈的、是有条理的还是交错的、是光滑的还是粗糙的、是柔软的还是坚硬的等这些都是质感。此外，材料不同，其材质特性就会存在差异，例如塑料的材质特性是温润、光滑、致密和细腻；有机玻璃的材质特性是通透、清澈、发亮；刚才的材质特性是朴素、沉着、坚硬、深厚、挺拔、冷静；木材的材质特性是轻盈、朴实、温暖；铝质材料的材质特性是轻快且华贵。

色彩的运用与材料所表现出的质感也有着一定的联系。例如，黑色在心理上带给人的感觉是阴暗且沉闷的，但若是用皮革纹理做成表面，就会让人感到亲切和庄重。而黑丝绒织物的表面会反光，而且质感非常的厚实，就会让人感到非常的庄重和典雅。当色彩的纯度较高且面积较大时，刺激感就会比较强烈，若想让人感受到高贵和清新的感觉，就可以将其打造成与呢绒织物相似的质感。由此可见，艺术表现力能够通过材料质感表现出来，因此可以大胆地对产品表面质感进行处理，但同时也要足够慎重。

在选择产品的材料时，产品的功能、装饰工艺、美观程度及加工工艺都是要考虑的。例如，为了增加摩擦，阻止手柄滑出的表面设计，在冲击钻和电钻把手上覆有柔软材料，可吸收操作时的振动。手动工具的设计，当手柄要接受外力时，为了保证手柄不易滑动，可以用树皮状花纹作为表面质地。在手柄上运用深沟槽的树形花纹，可加大手与手柄间的摩擦，使手柄把持更紧。金属压铸的可以让外壳造型与注塑的一样，但强度和精度又高于薄板冲压外壳，缺点是成本较高，所以通常应用丁高端产品创新设计中。

3. 造型与色彩

色彩、材质、图案、装潢、形态等因素都会对机电产品的形式美产生影响。产品只有有了形态，才能有色彩，但是人的吸引力会先聚集在色彩上。产品色彩带来的艺术效果是惊人的，因为色彩是人们最先看到的，然后是形状，质感排在最后。人们能够根据色彩对物体进行快速的区分，色彩也能够对环境和产品进行美化，产品造型也会因为色彩而更加出彩，让产品外观有更高的质量，从而使产品有更强的市场竞争力。此外，人的心理和生理都会因为色彩设计而产生影响，色彩宜人，使人精神愉快，情绪稳定，提高功效；反之，使人精神疲劳，心情沉闷、烦躁，分散注意力，降低机电产品的色彩设计在要求上会与绘画艺术作品存在差异，前者受到的限制较多，如材料、产品功能以及加工工艺等，所以大方、柔和、美观和协调是对产品色彩设计的要求，此外，也要与人们的审美、人机和产品功能等要求相符。

色相、明度、纯度为色彩的三要素，对色彩的认识、比较及分析都要依靠这三要素。色彩设计要完成的第一个任务就是将功能显现出来，例如人们感到沉闷是因为太暗、疲劳是因为太亮、对比会让人感到兴奋、调和会让人感到宁静等。"光"是形成物体色彩必不可少的因素，有了"光"才有颜色。环境色和光源色是形成阴影和固有色的依据。而色的因素只是单纯的纯度、明度和色相，环境色是它们必不可缺的因素，所有色彩的存在都需要环境。若是将这些形成色彩的因素相互联系，那么色彩会顷刻间复杂起来。

（1）固有色。物体本身带有的颜色就是固有色。物体在正常光线下的基本色调就是由固有色来决定的，例如紫葡萄、绿黄瓜和黄香蕉等，它们在环境色彩与光源的影响下也不会发生变色；但是若是照射角度发生变化、有强烈的光源和反光的影响，那么物体的固有色就会被减弱。

（2）环境色。环境是物体存在的依据，每个物体都是处在环境中的，而环境也会影响色彩。通常情况下，环境色会对白色产生最大的影响，因为它的反射最厉害，排在白色之后的是橙色、绿色、青色和紫色，黑色的反射是最弱的，因为它可以吸收全部的光却不反射。环境色和光会对所有物体的固有色产生影响，环境也会带来反作用。

（3）光源色。光对观察和识别物体是必不可少的，光对固有色和环境色都会产生作用。环境色会随着光源的增强而增加反射；环境的作用会因为物体之间越来越近的距离而增强；物体对环境的反映力度会因为鲜艳的色彩及光滑的质地而增大。

此外，物体的亮面与暗面在环境色下产生的反映也是存在差异的。环境色为暗面的反映，光源色则为亮面的反映。产品的色彩创新设计是决定产品能否吸引人、为人所喜爱的一个重要因素。好的色彩设计可以使产品有更强的竞争力，让生产变得更加安全，增加人们生活的美感，为人们在精神上带来满足感。配色是实现产品色彩效果的核心，只有将产品的实用性紧紧结合色彩的审美性，并且达到了完美的统一，才能说这个色彩创新设计是成功的。

在选择色彩时不仅要使用的环境和范围相配，还要与产品自身功能达到一致。每个产品自身的功能和特性都不一样，因此对色彩就会有不同的要求。简单、醒目和和谐是在进行产品色彩设计时首要考虑的，既要和产品功能相呼应，也要把形态美展现出来，让人一眼就被吸引住。

消费者的需求也是产品在进行色彩创新设计时要满足的。有些产品虽然功能比较突出，但外形和色彩都很陈旧，这很难吸引到消费者，因为他们喜欢的都是美观和实用并存的产品。例如色彩鲜艳、对比明显且协调的儿童玩具一定会受到孩子们的欢迎。在进行产品的色彩创新设计时，也要时刻关注国际上文化和经济的发展形势，掌握大众的审美偏好，意识到现代生活中流行色彩的影响程度，对国内外在当下流行的颜色和未来的趋势有充分的了解，让产品的色彩中充满时代感，为消费带来动力；同时也让产品的色彩设计与时代同步，将企业形象突显出来，为产品增加国际竞争力。

一般产品色彩设计的基本原则如下：

第一，色彩的功能原则。产品存在的主要意义在于其功能，色彩并不能直接展示产品的功能，它不过是一种视觉符号，但是色彩也必须表达出主体所要表达的内容，要使色彩符号的语义和产品的功能一致。

第二，色彩的环境原则。在设计产品色彩的过程中不能忽视环境带来的影响，环境、产品和人都应受到色彩的保护。例如暖色系适合寒冷的冬天，可以让人们感到温暖，但在炎热的夏季使用的产品就应使用冷色系，使人有凉爽平静的心理感受。

第三，色彩的工艺原则。在产品设计中要充分考虑工艺可能对产品色彩产生的影响。

第四，色彩的审美原则。产品色彩的审美原则是创造产品艺术美的重要手段之一，形式美只是其中的一个方面，它更应该结合产品的文化、工艺、环境及功能。

第五，色彩的嗜好原则。色彩的嗜好是人类的一种特定的心理现象，不同的国家和民族会有不同的文化、社会风俗和自然环境，因此人们会对色彩有不同的偏好，也会有不同的禁忌。这是产品在色彩设计中要特别注意的，要对不同的地区和人民有充分的了解和尊重，投其所好，如手机的不同配色，可以适应市场不同性别人群的需要。

在设计创新机电产品色彩的过程中，要和产品本身的功能以及使用环境相联系，让人们从心理上感到协调。例如加工食品的设备应以浅色为主，这样会感觉到清洁和卫生；电视机的外观应使用较为柔和的色彩，这样才不会干扰人们的视线；起重设备应使用深色，这样才会感觉更加稳固。对于一些无法以准确的色彩来意象功能的机电产品（例如以复制、放送音响为功能的录音机，以传递形象和音响为功能的电视机和录像机，代替部分思维活动的计算机），可以使用中性色，例如白、黑、灰等。黑色和白色是极色，并不是彩色，可以与每一种色彩进行协调，灰色则属于归纳色，它综合了黑色和白色。例如医疗器械使用的色彩要调和，这样才能让病人感到安静；急救器械的色彩要足够醒目，这样才能一眼就看见，如黄色常用于自动充气救生筏、救生简易担架和救生衣；移动速度较快的物体要使用对比强烈的色彩，这样才能引起人们的注意。

每一种色彩都会联系相应的形态，例如我国的很多古建筑，设计师常把黄色琉璃瓦用于迎着光的屋顶那一面，而蓝绿色这些冷色则常用于背光的屋檐上，这样可以让建筑更有立体感，呈现出更好的空间效果。

产品的局部形态可以通过色彩来进行强化，对形态单一的产品可以通过色彩来改变视觉效果，而对形态复杂的产品也可以通过色彩归纳来调和视觉感受，对需要突出的形态通过色彩的对比来表达，对产品形态不同的功能区域运用色彩来划分。流行色在产品创新设计中的作用也是不可忽视的，如德国大众的经典车型甲壳虫，其独特的造型配合各式生动鲜活的色彩设计，使其成为吸引人视线的一道亮丽的风景。

（五）现代风格与仿生造型设计

现代产品创新设计在更深意义上是一种广义文化的具体表现。一个成功的设计师必须具有深厚的文化底蕴，才能运用专业知识创新设计出具有高品位与现代风格的产品。

例如，设计师在设计小型休闲快艇时，选择了体型较小，行动敏捷、活泼可爱的短吻真海豚为原型。短吻真海豚身体呈流线型且较为细长，依此进行设计不但使得游艇造型非常美观，并且还能带给人们动感和速度的体验，对于水流阻力和空气阻力的缓解也有一定的用处；真海豚的体色较为特殊，黑色从背部向腹部延伸，且分布有白色的胸斑等，所以游艇设计色彩也采用了黑白两个主色，不过考虑到游艇下部常年浸泡在海水中，需要具备较高的耐腐蚀性和耐冲刷性，所以采用了一些深色的防腐涂料，在游艇上面上的颜色还是沿用了黑色；真正的海豚具有平缓的前额和细长的喙，这一特征也在游艇的观光甲板上有所体现；而且在游艇的上层驾驶台的挡风玻璃设计中采用了真海豚背鳍的形态特征，从而使得游艇的结构更为稳固，也有效的产生了一定的美观效果；而且游艇的艇身结构和真海豚的头小身体大的特征比较相符，这种设计可以使得水流阻力和空气阻力都有所减轻，并有利于游艇容量的提升，游艇的中部位置也是整个游艇的核心部位，设置了休息室、机舱及驾驶室等。

仿生造型是在产品设计中运用仿生学的原理、方法与手段进行形态设计，动、植物局部造型是最常见的设计手法之一，和采用几何造型特征的设计方法相比，要求设计者有敏锐的特征捕捉能力，有高度的概括和变形能力，并具有用图案方式表现其美感的能力。人们日常生活中的用具造型也经常用到仿生设计，例如，模仿大黄蜂特点的机器人及闹钟，他们都具有大黄蜂标志般的黄黑色及炫酷的造型；模仿动物的小音箱设计，样子可爱、手捧礼物的小鹿令人身心愉悦。

另外，仿生造型设计中既融入了设计师的主观创作力，也加入了当地的政治状况、人文文化及民族风情等。

二、反求创新设计

反求设计是以先进技术或产品的实物/软件（图纸、程序、技术文件等）、影像（照片、广告图片等）作为研究对象，应用现代设计理论方法学、生产工程学、材料学、设计经验、创新思维等和有关专业知识进行系统深入的分析与探索，并掌握其关键技术，进而开发出先进产品。运用反求技术，可以缩短产品开发的时间，提高新产品开发的功率，是创新设计的一种有效方法。

人们通常所指的设计是正设计，是由未知到已知的过程，由想象到现实的过程，这一过程的描述为：市场需求→设计师的创造性设计→产品。当然这一过程也需要运用类比、移植等创新技法，但产品的概念是新颖的和独创的。

反求设计虽然为反设计，但绝不是正设计的简单逆过程。因为针对的是别人的已知和现实的产品，而不是自己的，所以也不是全知的。是一个虽然知其然，但不知其所以然的问题。因为一个先进的、成熟的产品凝聚着原创者长时间的思考与实践、研究与探索，要理解、吃透原创者的技术与思想，在某种程度上比自己创造难度还要大。因此反求设计绝不是简单仿造的意思，是需要进行专门分析与研究的问题。其含义的描述为：已知事物（产品、软件、影像）→分析研究事物真相→改进创新→产生新产品。

（一）反求设计的内容

反求设计以工程技术的层面来说根据不同的反求对象包括下列三种类型：

1. 实物反求

实物反求是指根据实物条件来进行测绘、实验和分析，并进行新产品的创造。实物反求可以从功能、方案、材质、精度、使用规范或者性能等多个方面进行。而且可以将整机、零件或者是部件组件当成反求的对象，一般来说较先进的设备和产品容易成为实物反求的对象。在技术引进的硬件模式中通常会采用实物反求的方式实现，从而达到扩大生产能力的目标，并且进行新产品的创造和开发等。

实物反求设计具有自身的特征，主要表现为：①由形象具体的实物可供参考；②可以直接测试和分析产品的功能、材料以及性能等，从而使得产品技术资料非常的详尽化；③可以直接测试和分析产品的各个组成部分的尺寸，进而使得产生尺寸参数比较的详尽；④有利于产品开发周期的缩减；⑤可以将新产品和实物样品进行对比，对新产品质量的提升具有积极的意义。

在产品设计的很多方面都可以体现出实物反求的创新性，设计师可以在选择方案、设计零部件结构、尺寸公差、工艺以及选择材料上等进行发挥。

（1）设计思想反求分析与创新。在反求设计中最为基础的工作就是对产品设计的指导思想进行分析和认识。不同时期的产品在设计指导思想方面是不同的，并和社会的发展及科技发展水平密切相关。像最开始时人们一般会从功能扩展、完善以及成本等层面来进行产品的设计和开发，但随着社会的发展、人民生活水平的提高，在一定功能需求的基础上对产品的舒适性和精美性有了新的要求：冰箱要求能美化人们家居生活或能满足人们的健康需求，计算机键盘和鼠标的设计也以舒适的手感为目标，汽车座椅的设计则要能够帮助驾驶者缓解疲劳等。

又如，为贯彻可持续发展战略，满足人们对产品的节能、保护环境等方面的要求，工程师们提出了绿色设计的指导思想，开始从产品的环境属性如可维修性、重复利用性、可回收性等方面来进行产品的周期设计，以尽可能地减少环境污染，并能够最大程度地发挥产品的附加值和回收价值等。以绿色设计的理念来考虑，一般会选择无毒、无污染以及废弃物少的材料来进行产品生产，像 IBM 计算机中就采用了同样的材料来制作所有的塑料制品，这不但有利于材料种类过多造成的浪费，也便于回收；用精模压铸保持表面精度；以往的金属铰链也采用了弹性连接结构来予以替换，这在一定程度上降低了成本和材料的投入。无氟冰箱、无烟抽油烟机也是应健康、环保要求而生。

在另外一些场合，降低噪声变得非常重要，成了产品设计中的主要矛盾。比如，家庭用空调，降低噪声始终都是人们的追求；又比如某公司进行了低噪声电动机的开发，通过消噪器所产生的音频来中和部分电动机所产生的噪声，使得噪声可以减少到原来的一半以下，在炉灶排风扇上予以使用，不仅有利于提升 37% 的效率，还能有限降低 15dB 的噪声。

（2）原理方案反求分析与创新。产品是针对其功能要求进行设计的，而实现相同功能的原理方案是多种多样的。了解现有原理方案的工作原理和机构组成，探索其构思过程和特点，通过反求，设计变异出更多能实现同样功能新的原理解法，在此基础上进行优化，来获得性能更好的产品。

例如，无发动机惯性玩具汽车，除用飞轮（惯性轮）存储动力外，还利用惯性原理使汽车在遇到障碍物时反向行驶通过原理方案分析可以知道该汽车中的飞轮及小齿轮所在轴沿轴向可以滑动，当汽车遇到障碍物后，由于惯性作用，滑移小齿轮前冲，小齿轮与冠轮另一侧相啮合，使车轮反向倒行。

（3）零部件的反求分析与创新。结构设计不仅仅是原理方案的具体化过程，还必须要考虑许多细节。除了要考虑提高产品性能（提高强度、刚度、精度、寿命，减少磨损，降低噪声等），还要考虑工艺、装配、美观、成本、安全、环保等诸多方面的要求和限制。不同的反求对象，零、部件尺寸分析方法有所不同。对实物或图样，可以测量分析零部件形体尺寸；对于照片、图像，可通过透视法求得尺寸之间的比例，再按参照物确定各尺寸。对于具有复杂曲线曲面的零件，则要采用一些先进的测绘手段及测绘仪器（比如三坐标测量机）方可实现反求测绘。精度是衡量反求对象性能的重要指标之一，也直接影响产品的成本。零件尺寸易于获得，但尺寸精度却难以确定，这也是反求设计中的难点之一。合理分析设计零件精度及其分配关系，对提高产品的装配精度、力学性能，降低产品成本至关重要。

（4）零件材料的反求分析与创新。机械零件材料及热处理方法的选择将直接影响零件的强度、刚度、寿命、可靠性等性能指标，因此在一些产品中材料及热处理方式的选择显得非常重要，并且可能成为该产品的关键技术。

一般采用表面观测、化学分析、金相检验等方式确定材料的化学成分、组织结构和表面处理情况，并通过物理试验测定材料的各种物理性能和主要的力学性能，确定材料牌号及热处理方式。有时需通过材料分析进行材料代用，代用的原则是首先满足力学、物理性能，其次满足化学成分的要求，并且参照其他同类产品，确定代用材料的牌号及技术条件。

材料反求分析包括材料成分反求分析、材料组织结构反求分析、材料硬度反求分析。零件材料的化学成分可以通过六种方法确定：①火花鉴别法，根据材料与砂轮磨削后产生的火花判别材料的成分；②音质判别法，根据敲击材料声音的清脆不同，判别材料的成分；③原子发射光谱分析法，通过几至几十毫克的粉末对材料成分进行定量分析；④红外光谱分析法，多用于橡胶、塑料等非金属材料的成分分析；⑤化学成分分析法，用于定量分析金属材料成分；⑥微探针分析法，材料表面成分的分析方法，利用电子探针、离子探针等仪器对材料的表面进行定性分析或者定量分析。

材料的组织结构分析包括材料的宏观组织结构分析和微观组织结构分析。可用放大镜观察材料的晶粒大小、淬火硬层的分布、缩孔缺陷等宏观组织结构；利用显微镜观察材料的微观组织结构。材料的硬度分析一般是通过硬度计测定材料的表面硬度，然后根据硬度或表面处理的厚度判别材料的表面处理方法。

例如，中原油田从美国引进英格索兰公司的注水泵，用于高压注水。使用中发现，材料为 42CrMo 的泵头在水压大于 36MPa 工作时寿命急剧下降，发生开裂失效，经分析是由于油田污水腐蚀引起裂纹所致。于是从强度、耐腐蚀性和韧性三方面综合考虑，用耐腐蚀、高强度的低碳马氏体不锈钢作为泵体材料，解决高压注水泵的关键问题。

（5）工艺反求分析与创新。许多先进设备的关键技术是先进的工艺，因此分析产品的加工过程和关键工艺十分必要。在工艺反求分析的基础上，结合企业的实际制造工艺水平，改进工艺方案，或选择合理工艺参数，确定新的产品制造工艺方法。比如，戴纳卡斯特公司生产的电气元件接线盒中，大批电缆支架所用的锌镁合金螺母顶部有宽缝，只有局部螺纹。为抵抗螺钉使支架螺孔两侧分开的力，螺母外部为方形，放在模压的塑料外壳中。经过分析发现，之所以设计这种特别的结构是因为采用压铸工艺制造内螺纹孔。压铸工艺 1min 可以生产 100 个零件，精度达 30μm，模具寿命 100 万次，大大地提高了效率，降低了成本。

（6）其他方面内容的反求与创新。

第一，外观造型反求分析与创新。在市场经济条件下，产品的外观造型在商品竞争中起着重要的作用。在对产品外观造型分析时，应从产品的美学原则、用户的需求心理及商品价值等角度来分析。比如，美学原理包括合理的尺度、比例，造型上的对称与均衡、稳定与轻巧、统一与变化、节奏与韵律等。此外，色彩也能美化产品并引起感情效果。对有关产品色调的选择与配色、色彩的对比和调和等方面做相应分析，有利于了解它的设计风格。

第二，工作性能反求分析与创新。运用各种测试手段，仔细分析产品的运动特性、动力特性、工作特性等，掌握原产品的设计方法和设计规范，并提出改进措施。比如，某机床厂与法国 Vernier 公司合作，开发生产工作台不升降铣键床。在测试了原铣键床的部件几何精度、机床静刚度、主传动效率、主轴部件热变形、温升，并进行切削振动、激振、噪声等试验之后，抓住了刚度和热变形的主要矛盾。主要矛盾的解决，使新产品工作性能得到了很大改善。对于产品的管理、使用、维护、包装技术等的分析也很重要。管理的好坏直接影响产品效能的发挥。比如，分析了解重要零部件及易损零部件就有助于产品的维修、改进设计和创新设计。

2. 影像反求

影像反求是指在没有实物和技术软件可供参考的情况之下，仅仅利用产品的图片、广告介绍或者影像画面等来进行新产品的构思和开发的过程。在反求设计中，这一类型是难度最大，也是最体现创新性的一种反求方式。因为其自身就具备了创新性。该技术现在还在探索发展阶段，通常需要应用到透视投影和透视变换等技术来了解产品的比例、尺寸和外形等，从而对其功能和性能进行分析，对其结构进行把握，这都需要设计师具备一定的设计经验才能顺利完成，一般可以通过以下步骤来完成影像反求设计：

（1）通过观看影像资料来形成新产品设计的相关概念，并在此基础上进行开发和设计。比如国内有些研究所受国外给水设备照片的启发，了解了喷灌给水的巨大发展前景，从而设计出了一些成本低、性能好的喷灌给水设备等。

（2）通过影像信息，并以产品的工作原理出发来进行产品功能的分析。像通过执行系统的动作和原理就能对传动系统的功能和组成结构进行了解和把握等。国外有杂志就曾介绍过一款适合少年、妇女使用的扳手，其外形小巧，但是力度却是普通扳手的十多倍。从这一介绍的图像资料中进行了外形的研究和行星轮系的功能分析，并以此进行了省力扳手的设计，其反响也比较的好。

（3）通过影像信息，从其功能、原理以及外部信息等进行分析，从而对产品的结构和材料进行把握。像对材料种类以及色彩的判断都可以经由影像资料获得，对传动类型的分析也可以经由传动系统外形来进行等。

（4）通过影像信息，还能对产品形态的尺寸进行把握，当然对尺寸的比例关系需要通过透视图原理来获得，还可以设置一定的参照物等，并经过比例来获取实物的所有尺寸等。通常情况下，对参照物的要求就是已知的，可以是人也可以是物体或者景物等。比如可以将图片产品中的操作工作作为参照物，拟定人的高度为1.7米，则由此来推断设备的尺寸等。像日本专家就从大庆油田炼油塔的照片中推断出其容积和生产规模等，而做出判断的参照物仅只是油塔上的一个金属爬梯。因为一般来说，高大建筑物的金属爬梯会设置成高300台阶，宽约为400至600毫米，由此来推断出炼油塔的直径和高度，并进行容积的计算。

（5）对影响信息的处理还可以借助计算机图像处理技术进行。在计算机中输入图像，并经过三维 CAD 进行处理后可以了解到产品的有关尺寸。

3. 软件反求

技术软件包括了设计说明书、使用说明书、产品图样、操作及管理规范、质量保证手册、产品样本、产品标准等。软件反求就是利用这些技术软件来进行新产品的设计和开发等。软件反求和实物反求不同的是，它主要用于软件模式的创新中，是为了提升国家创新能力而存在的，其层次也更高。软件反求可以对产品的功能、原理方案和结构组成进行了解，并可以通过产品图样来对零件的尺寸、精度以及材料等进行了解。

软件反求设计具有以下特点：

（1）抽象性技术软件不是实物，只是一些抽象的文字、公式、数据、图样等，需要发挥人们的想象力。因此，软件反求是一个处理抽象信息的过程。

（2）科学性软件反求要求人们从各种技术信息中，留其精华，去其糟粕，由低级发展到高级，对设计对象的技术奥秘进行层次揭秘，从而获得所需的技术信息。

（3）技术性软件反求大部分工作是一个分析、计算的逻辑思维过程，也是一个从抽象思维到形象思维的、不断反复的过程，因此，软件反求具有高度的技术性。

（4）创造性软件反求体现的是一种创新、创造的过程。这就要将设计师们的创造力和智慧充分激发出来，促进其敢于创新，勇于创造。

软件反求的一般过程：①对已有产品的可操作性和先进行等进行市场调研，这一步也称为必要性论证工作；②论证产品软件反求的成功率，因为不是所有的技术软件反求都能获得成功；③原理、方案、技术条件反求设计；④零、部件结构、工艺反求设计；⑤产品的使用、维护、管理反求；⑥产品综合性能测定及评价。

早在 20 世纪 80 年代的时候，国内就从国外获取了振动压路机技术资料。并由此进行了仿造机的制造和开发，其存在自身的不足之处如没有较好的操作条件，且非振动部件和驾驶室的振动都比较的大。为了解决这一问题，就根据技术资料进行了反求，得知了引进的振动压路机技术压实路面是采用的垂直振动的方式，实际上垂直振动就必然会引起这一系列的问题。为此，才创造出了水平振动压实路面的想法，从而创造出新的振动压路机。这一压路机的问世既可以有效消除垂直振动的不足之处，且实现了滚轮和地面的接触，充分利用了静载荷，使路面压实更加均匀有效。

（二）技术引进反求设计

技术引进是掌握他人的先进科学技术，快速发展本国或本单位经济的一种极其有效的手段。其目的是对引进技术加以消化、吸收，掌握引进技术的基本原理，形成自己的技术体系，然后再将引进技术转换为产品，让其产生社会效益和经济效益，服务于社会。

1. 技术引进的主要原则

（1）待引进的技术项目首先要含国内或本单位的急需的关键技术。

（2）待引进的技术必须是科技含量高的先进技术。

（3）有技术和经济实力，能将引进的技术产品化。

（4）引进技术转换的产品要能产生良好的社会经济效益。

2. 引进技术的基本模式

引进技术的模式一般有两种：即产品引进和技术资料的引进。

（1）产品引进。产品引进包括成套的设备、部件或单一的机械零件，软件也列入产品范畴，故产品引进又称为设备引进。其特点是形象直观的机械实物，便于反求设计，这类引进也称为硬件引进。技术资料可包括专利技术、生产图样或其他影像资料。工程中常把技术资料的引进称为软件引进。以下分别介绍各种引进模式。

第一，整机引进。整机引进是指引进成套设备或完整的产品，如 20 世纪 80 年代引进的日本彩管生产线、90 年代引进的汽车生产线、啤酒生产线、数控机床等大量的成套设备都是整机引进的范例。引进整机设备的投资大，但收效快，引进全套设备时，要注意易损零件的配套引进。

第二，部件引进。部件是指整套设备中的一部分组件，如汽车后桥、发动机、液力变矩器、无级变速器、空调或冰箱中的压缩机，都是典型的部件。引进机械部件时的投资要小些，风险也要小。但是要注意引进的部件应能够与国内其他配套部件组装，形成局部国产化的产品。

第三，零件引进。零件是指机械中的最小制造单元。如汽车发动机中的凸轮轴、高速轴承、汽车后桥中的弧旋锥齿轮等都是典型的机械零件。引进的机械零件必须是产品的关键零件。

（2）技术资料的引进。技术资料的内容很丰富，生产图样、专利文献、影像资料、产品使用说明书、设计说明书、维修说明书以及广告等内容均可以作为技术资料。但从引进技术的规范角度出发，技术资料引进一般指产品图样、专利文献等资料。

第一，产品图样的引进。引进先进产品的生产图样，经过诸如标准、公差、材料、技术要求等一系列的转换后，即可投入生产。投资小、收效快，是一种常见的技术引进方式。

第二，专利文献的引进。一般情况下，专利文献是产品的关键技术，具有一定的先进性、新颖性和实用性。引进专利技术是发展生产的有效途径。但是，专利只是一种技术，距离产品化还有一定距离，引进专利技术一定要慎重。

第三，产品说明书的引进。产品说明书很难单独引进，一般不能脱离产品。但有些产品，如电子产品，在出厂时已将关键电子元件粘接在一起，很难拆卸测试，这时产品说明书就成为反求设计的主要依据。引进技术资料的投资最小，但引入技术方要有较强的技术力量，才能消化及吸收引入的技术并制造出合格产品。

3. 引进产品与反求设计

（1）引进设备直接为生产服务。引进设备直接为生产服务是发展中国家常采用的发展经济模式。如引进的各类生产线、数控机床等设备直接用于生产，引入的发动机和后桥直接安装到汽车上，引进的压缩机直接安装到空调或冰箱中，引进的显像管或显示屏直接安装到电视机里。这类技术引进可在短期内促进生产的发展。

（2）仿造引进的产品。引进产品的目的是仿造该产品。这里的产品指广义产品，如机械产品、电子产品、软件、影像等均为广义产品。对引进产品进行仿制，扩大再生产，是发展中国家快速发展民族经济的捷径之一，这类技术引进与反求设计密切相关，是比较简单的反求设计问题。

（3）改进引进的产品。引进产品的目的是制造出比原产品性能更优的产品，并且产生更大的经济效益。在引进产品的基础上，对其工作性能进行改进，生产出比引进产品更好的、价格更低廉的新产品是较复杂的反求设计问题，需要专门的知识和水平较高的技术人员。我国目前的反求设计大都处于该阶段。

（4）创新设计新产品。以引进产品为参考，在充分对其分析、研究的基础上，由反求设计过渡到自主设计，并制造出新产品。不但满足国内市场，而且能出口创汇，产生巨大的经济效益。这类反求设计的难度最大，也是最值得提倡的反求设计。

综上所述，大部分的引进技术都涉及反求设计。因此，研究各类引进技术的反求设计方法，对于引进技术的产品化有现实意义和长远意义。

4. 反求设计的共性总结

无论是硬件反求还是软件反求，在具有各自特点的同时，还具有许多共性，将其共性总结如下：

（1）理解原产品的设计思想。在进行设计产品改进或者创新之前必要做的工作是学习理解原产品的设计思想。如某减速器有两个输入轴：一个用电动机驱动，另一个则考虑到停电时用柴油机驱动。其设计的指导思想是该减速器一定应用在非常重要的场合。奔腾计算机 I 型的主机电源较大，其设计的指导思想是该机升级时仅更换 CPU 芯片即可。通过理解原产品的设计思想，按照认知规律，可帮助新一代的同类产品提前设计出来。

（2）学习原产品的原理方案设计。产品都是为了满足一定的要求而设计出来的，同一要求的产品可以设计成不同的样式。例如，要满足夹紧要求而设计一个装置，原理方案可以采取很多种，螺旋夹紧、凸轮夹紧、连杆机构夹紧、斜面夹紧、液压、气动、电磁夹紧都可以达成这一目的。学习原产品的原理方案设计，能够了解方案的功能目标以及其确定的原则，有利于产品的改进设计工作的进行。

（3）学习产品的结构设计。产品功能目标是依靠产品零部件的具体结构来保证的，而且产品的具体结构还影响着产品的性能、成本、寿命、可靠性等，所以在反求设计中，这一点极为重要。

（4）分析产品的零件尺寸、公差和配合。在反求设计中，突出的难点就是公差问题的分析。测量得到的只能是零件的加工尺寸，而不是几何精度的分配尺寸。如何进行合理的几何精度设计，是产品的装配精度和力学性能能否提高得关键点。

（5）分析零件材料。主要是指鉴定材料的物理、化学成分、热处理方法。可以利用多种手段进行零件材料分析，如外观比较、重量测量、硬度测量、化学分析、光谱分析及金相分析。通过零件材料分析，可以根据同类产品的材料牌号，可以选取力学性能和化学性能能够满足需求的国产材料。

（6）分析产品的工作性能。主要针对产品的运动特性、动力特性及其工作特性进行分析，创新设计要以全面了解产品的性能为基础，才可以提出有效的改进措施。

（7）分析产品的造型。主要指分析产品的造型和色彩，分析其中蕴涵的美学原则、顾客需求心理、商品价值等，对被我国忽视的产品造型观念进行改进。

（8）维护与管理产品。主要通过对产品的维护与管理进行分析，对重要零部件及易损的零部件加以了解，有利于产品的维修、改进设计、创新设计。

综上所述，为使引进技术发挥更大的作用，必须改变为单纯使用而引进技术的方针，把技术引进与反求设计紧密结合，才能发挥技术引进的巨大作用。

（三）机械设备反求设计

实物反求设计，又称为硬件反求设计，是指在已知机械设备的反求设计中，存在具体机械实物的反求设计，而这种反求设计方法经常使用。

1. 机械设备反求设计的特征

（1）依托的实物形象直观，对于形象思维不难。

（2）获得的设计资料详细，因为是通过产品或设备直接进行性能测试与分析得到的。

（3）尺寸设计资料较易获得，因为可对产品或者设备的零件直接进行测量与分析，包括其尺寸、结构、材料等。

（4）当仿制是反求的最终目的时，设计周期较短，产品的生产起点与速度较高。

（5）可以提高仿制产品的质量，使仿制产品能与引进产品相比。

（6）通过仿制，进行改进或创新，有利于新产品的开发。

2. 功能分析、求解与反求设计

（1）功能分解及功能树。功能是指机械产品所具有的转化能量、物料或信息的特性。机械产品的总功能是通过各子功能的协调来实现的。子功能还能够分解为可直接求解的最小功能单位，一般称其为功能元。总功能、子功能和功能元之间的关系可用功能树的结构形式来表示。

在各项子功能中，把起关键作用的子功能称为关键功能，其他子功能则为辅助功能。功能分析的方法就是把机械产品的总功能分解为若干子功能的过程，之后再通过子功能的求解与组合，设计出具有相同总功能的多种机械产品方案，从中进行优化选择，找出最佳方案。

进行功能反求时，可把机械产品看作一个技术系统，再把该系统看作一个黑箱。通过各子功能的求解而得到了实现总功能的产品方案后，该黑箱则变为透明箱。

像打印机之类的机电一体化机械中的运动形态是由各种机构来实现的，而机械的运动参数和各执行机构的运动协调关系是靠计算机系统来实现的。点阵打印机中的送纸机构、字车机构、色带机构及打印钢针机构的运动协调靠机械系统自身的结构去实现将是难以想象的。可见，对机电一体化机械进行功能分析时，必须把机械系统、计算机系统以及传感系统作为一个技术系统来考虑。力求机械系统简化，更好地发挥软件的优势，可降低机器的成本。在选择控制种类时，可以根据工作要求来选择计算机开环控制或闭环控制。

（2）功能元的求解。功能元的求解是功能分析与设计的重点和难点，也是反求设计中的创新突破点。因此，发散性思维和创造性思维对功能元的求解结果有巨大影响。对于机械产品而言，其功能元一般由动力功能元、传动功能元、工作功能元、控制功能元和辅助功能元组成，可按各功能元所具有的作用和功能目标分别求解。

第一，动力功能元为系统提供工作动力。动力机一般也称原动机，是一种把其他形式的能量转化为机械能的机械。可根据系统的具体要求从动力源目录中选择。

第二，传动功能元用于变换运动方式或变换速度，可从传动机构目录中选择。有传动机构的机械占大多数。油田抽油机就是具有代表性的机械。传动功能元类型比较简单，一般常用齿轮传动、带传动及链传动等机构。

第三，工作功能元直接完成某项工作，可从工作执行机构目录中选择。在功能分析与设计过程中，工作功能元的求解是创新的重点内容。

利用原动机提供的动力实现物料或信息的传递，克服外载荷而做有用机械功是工作功能元的任务。原动机的种类有限，而工作功能元的执行机构的种类却是多种多样。由于工作执行机构是完成各种复杂动作的机械装置，它不仅有运动精度的要求，也有强度、刚度、安全性、可靠性的要求。

第四，控制功能元。机械设备中的控制方法很多，有机械控制、电气控制及综合控制，其中以电气控制应用最为广泛。控制系统在机械中的作用越来越突出，传统的手工操作正在被自动化的控制手段所代替，而且向智能化方向发展。现代控制系统的设计不仅需要微机技术、接口技术、模拟电路、数字电路、传感器技术、软件设计、电力拖动等方面的知识，还需要一定的生产工艺知识。控制功能元的反求设计较为简单，但是必须具备专门的知识和经验。

3. 设备的分解原则

对样机进行分解，是解样机的具体结构和零件的尺寸的必经之途，至关重要，所以分解机器实物有严格的规则，必须予以遵守，否则分解后的样机不能恢复原状的情况可能发生。

（1）分解样机的首要原则就是可以恢复原机，也就是说，拆分样机的过程都是可逆的，按分解的逆过程可直接复原装配。

（2）对分解后的部件和零件要妥善管理。包括了按机器的组成情况进行编号、进行分解记录，标明其是连接件、紧固件、传动件、密封件等零件类型及是否为标准件，且要由专人管理分解的零件。

（3）可不分解如游标、过盈配合的零件等这种拆完后不易复原的零件。

（4）在分解难拆零件和有装配技巧的零件是要注意记录分解过程，有利于快速恢复原机。

（5）正确使用工具进行装拆。

4. 零件尺寸测绘

对与分解后的零件，要测绘其尺寸，并且画图记录。在测绘尺寸的过程中要注意以下七个问题：

（1）选择测量基准。要注意机械零件的两种尺寸，也就是形状尺寸和位置尺寸，形状尺寸用来表示机械零件基本形体的。通常来说，要先确定位置尺寸，再确定形状尺寸。确定位置尺寸需要选择好基准，一般会零件的底面、端面、中心线、轴线或对称平面是常用的基准。

（2）多次测量每个尺寸，用多次测量的平均值作为测量尺寸。功能性尺寸要精确到小数点后三位，主要包括配合尺寸及定位尺寸等。

（3）对于形体复杂的零件要边测量边画放大图，例如凸轮、汽轮机叶片等，注意对于测量结果的修正。

（4）有些尺寸不能直接测量，需要以产品性能、技术要求、结构特点为依据，分析计算，得出结果。

（5）处理实测尺寸。注意不能将实测尺寸和原设计尺寸等同起来，实测的尺寸需要推论到原设计尺寸。实测尺寸是名义尺寸在制造误差和测量误差下的结果，而给定的尺寸公差必定大于等于制造误差和测量误差之和，因此，实测尺寸应该处于上极限尺寸和下极限尺寸之间。根据概率分布的特点，尺寸误差位于公差中值的附近。再根据基孔制或基轴制的配合情况和精度等级的判定，对于实测数据进行处理。最后选择合理的几何公差，要注意以零件的功能、实测尺寸、加工方法，国家标准为依据。

（6）测定表面质量。利用表面粗糙度仪测定表面粗糙度，用硬度计测定表面硬度同时对表面热处理的情况进行判断，以此推测零件的加工工艺。

（7）分析与测定零件材料。通过原子光谱法、红外光谱法、微探针分析法确定材料的化学成分；利用显微镜测定材料的组织结构。

完成测绘尺寸工作后，要绘制零件草图并标定其技术要求。把已分解产品和待开发产品的具体要求相结合，就可以开展反求设计。

（四）技术资料反求设计

技术引进过程中，与硬件引进模式相比较，软件引进模式更经济。所谓软件引进也就是技术资料的引进，技术资料包括与产品有关的技术图样、产品样本、专利文献、影视图片、设计说明书、操作说明、维修手册等技术文件，只是软件引进对于现代化的技术条件和高水平的科技人员的要求更高。

1. 技术资料反求设计的特征

按技术资料进行反求设计的目的是探索和破译其技术秘密，再经过吸收、创新，达到快速发展生产的目的。按技术资料进行反求设计时，了解了技术资料反求设计的特征是必要的前提：

（1）抽象性是技术资料的反求设计的主要特征，引进的技术资料不是具体实物，不直观可见。所以，技术资料反求设计的过程要不断处理抽象信息。

（2）高度的智力性也是技术资料反求设计的特征。在技术资料反求设计的过程中要不断用逻辑思维，通过分析技术资料，到返回设计出新产品的形象思维。在抽象思维和形象思维间不断反复，需要很大的脑力劳动量。因此，技术资料反求设计对智力性的要求很高。

（3）高度的科学性是技术资料反求设计的第三个特征。技术资料反求设计的高度科学性体现在整个过程中，这个过程包括从技术资料的各种信息载体中提取信号，去伪存真，由低到高，破译反求对象的技术秘密，进而得到接近客观的真值的各个环节。

（4）强综合性是技术资料反求设计的另一个特征。技术资料反求设计的过程需要运用多学科的知识，包括专业知识、相似理论、优化理论、模糊理论、决策理论、预测理论、计算机技术等。因此技术资料反求设计通常需要集中多种专门人员共同工作。

（5）创造性是技术资料反求设计的最后一个特征。可以说技术资料反求设计本身就是在进行创造、创新，同时它也有利于国民经济的发展提速。

2. 技术资料反求设计的过程

进行技术资料反求设计时，其过程大致如下：

（1）引进技术资料进行反求设计必要性的论证。对于引进的技术资料进行反求设计要花费大量时间、人力、财力、物力，反求设计之前，要充分论证引进对象的技术先进性、可操作性、市场预测等项内容，否则会导致经济损失。

（2）引进技术资料进行反求设计成功的可行性论证。并非所有的引进技术资料都能反求成功，因此要进行论证，避免走弯路。

（3）分析原理方案的可行性、技术条件的合理性。

（4）分析零、部件设计的正确性、可加工性。

（5）分析整机的操作、维修是否安全与方便。

（6）分析整机综合性能的优劣。

3. 产品图样的反求设计研究

（1）引入产品图样的目的。引入了国外先进产品的图样直接仿造生产，是我国

20 世纪 70 年代技术引进的主要目的。这是洋为中用，快速发展本国经济的一种途径。我国的汽车工业、钢铁工业、纺织工业等许多行业都是靠这种技术引进发展起来的。实行改革开放政策以后，增加了企业的自主权，技术引进快速增加，缩短了与发达国家的差距。但世界已进入了代表高科技的知识经济时代，仿造虽然可以加快发展速度，但却不能领先世界水平。在仿造的基础上有所改进、有所创新，研究出了更为先进的产品，产生更大的经济效益，是目前引入产品图样的又一目的。

（2）设备图样的反求设计。通常来说，对设备图样进行反求设计比较容易些，其过程简述如下：

第一，读懂图样和技术要求。

第二，用国产材料代替原材料，选择适当的工艺过程和热处理方式，并据此进行强度计算等技术设计。

第三，按我国国家标准重新绘制生产图样及提出具体的技术要求。

第四，试制样机并进行性能测试。

第五，投入批量生产。

第六，产品的信息反馈。

第七，进行改进设计，改型或创新设计新产品。

（3）设备图样的反求设计案例。我国在 20 世纪 80 年代，引进了西方国家的振动压路机技术。仿造后发现该机的非振动部件和驾驶室的振动过大，操作条件差，影响了仿造机的推广使用。按引进技术生产的压路机是利用垂直振动实现压紧路面的，而垂直振动带来的负面影响很难消除。通过对机械振动方式的反求设计，科技人员提出用水平振动代替垂直振动，创新设计出新型压路机。创新设计的压路机不仅防止了垂直振动引起的不良问题，而且滚轮不脱离地面，静载荷得到充分利用，能量集中在压实层上，并且压实均匀。

4. 专利文献的反求设计研究

（1）引进专利文献的目的。因专利产品具有先进性、新颖性、实用性，故专利技术越来越受到人们的重视。因此，对专利技术进行深入的分析研究，进行反求设计，已成为人们开发新产品的一条重要途径。使用专利技术发展生产的实例很多，不管是过期的专利技术还是受保护的专利技术都有一定的利用价值。但是没有专利持有人的参加，实施专利会有一些困难。

（2）专利文献进行反求设计基本方法。通常情况下，专利技术含说明书摘要（产品组成与技术特性等内容）、说明书（专利名称、应用场合、与现有技术相比的优点、产品的组成原理等内容）、权利要求书（提出需要被保护的内容有哪些）、附图。对专利文献的反求设计主要依据这些内容。权利要求书中的内容是关键技术，因此也是专利权人重点保护的内容，该内容是按专利文献进行反求设计的主要内容。利用专利文献进行反求设计的基本过程如下：

第一，根据工作的具体需要选择相关专利文献。一般情况下，同类产品的相关专利很多，有时多达近百种类似的专利。对专利进行检索是必要的。

第二，根据说明书摘要判断该专利的实用性和新颖性，决定是否引进该项专利技术。

第三，结合附图仔细阅读说明书，读懂该专利的结构、工作原理。

第四，根据权利要求书判断该专利的关键技术。

第五，分析该专利技术能否产品化。专利只是一种技术，分成产品的实用新型专利、外观专利和发明专利。专利并不等于产品设计，并非所有的专利都能产品化。

第六，分析专利持有者的思维方法，以此为基础进行原理方案的反求设计。

第七，在原理方案反求设计的基础上，提出改进方案，完成了创新设计。

第八，进行技术设计，提交技术可行性、市场可行性报告。

5. 图像资料的反求设计研究

图像资料容易获得，通过广告、照片、录像带可以获得有关产品的外形资料。因此通过照片等图像资料进行反求设计逐步被采用，并引起世界各国的高度重视。

（1）图片资料反求设计的关键技术。对于图片等资料进行分析最主要的关键技术，主要有透视变换原理与技术、透视投影原理与技术、阴影、色彩与三维信息等技术。随着计算机技术的飞速发展，图像扫描技术与扫描结果的信息处理技术已逐渐完善。通过色彩可判别出橡胶、塑料、皮革等非金属材料的种类，也可判别出铸件或是焊接件，还可判别出钢、铜、铝、金等有色金属材料。通过外形可判别其传动形式。气压传动一般是通过管道集中供气，液压传动多为单独的供油系统，该系统由电动机、液压泵、控制阀、油箱等组成。电传动可找到电缆线，机械传动中的带传动、链传动、齿轮传动等均可通过外形去判别。通过外形还可判别设备的内部结构，根据拍照距离可判别其尺寸。现代的高新技术正在使这个难度大的反求设计变得比较容易。当然，图像处理技术不能解决强度、刚度、传动比等反映机器特征的详细问题，更进一步的问题还要科技人员去解决。

（2）图片资料反求设计的步骤。进行图片资料的反求设计时，可以参考以下步骤：

第一，收集影像资料。

第二，影像分析。根据透视变换原理与技术、透视投影原理与技术、阴影、色彩与三维信息等技术原理，对图像资料进行外观形状分析、材料分析，内部结构分析，并画出草图。

第三，原理方案的反求设计。根据实物图像资料的名称，判别其功能。再根据功能原理，结合其外形特征及设计人员的专业知识，反求其原理方案。

第四，进行技术设计。

第五，技术性能与经济性的评估。

（五）计算机辅助反求设计

将计算机辅助设计技术应用到反求的过程当中能够使产品的质量得到提高，同时还能使产品的设计与制造周期缩短，并以低成本制造。特别是把计算机辅助反求设计（CAID）、计算机辅助工艺（CAPP）、计算机辅助制造（CAM）结合在一起，形成制造柔性化（FMS），可大大提高劳动生产率和产品质量。如把 CAID 与 CIMS 相结合，优势更加明显。特别是反求具有复杂曲线或曲面形状的机械零件时，可以完成技术人员难以做到的工作，所以计算机辅助反求设计的应用日益广泛。

1. 机械零件计算机辅助反求设计的过程

（1）数据采集。数据的测量和采集在反求设计的过程中具有十分重要的意义。通常运用的仪器是3D数字测量仪、三坐标测量仪、高速坐标扫描仪或激光扫描仪等，这些仪器用于对工件的形体、位置、尺寸进行测量，让工件的几何模型向测点数据组成的数字模型转变。

（2）数据处理。在对大量的测点数据进行处理与编辑时，应用计算机中的数字化数据处理系统，以此系统删除奇异数据点，添加补偿点，更加精密的改造数据点。

（3）建立 CAD 模型。对相应的 CAD 几何模型进行建立，在此过程当中，应用曲线拟合、曲面拟合、三维建模等理论与方法。

（4）数控加工。在 NC 代码产生后，以刀具轨迹对有关数据进行编程来进行数控加工。为了保障 NC 的高加工质量和加工过程中质量控制的实现，CAM 系统可以将测头文件程序进行生成并在联机 NC 检验中应用。

近些年，3D 打印技术在计算机辅助反求设计中得到广泛应用。

2. 系统应用软件与反求设计

（1）主要功能介绍。计算机辅助反求设计中，系统应用软件是不可缺少的必备工具。应用软件由产品设计和制造的数值计算和数据处理软件包、图形信息交换和处理的交互式图形显示程序包以及工程数据库三部分组成。其主要功能如下：

第一，曲面造型功能。根据测量所得到的离散数据和具体的边界条件，定义、生成、控制、处理过渡曲面与非矩形曲面的拼合能力，提供设计和制造某些由自由曲面构造产品几何模型的曲面造型技术。

第二，实体造型功能。定义和生成体素的能力以及用几何体素构造法（CSG）或边界表示法（B-rep）构造实体模型的能力，并能提供用规则几何形体构造产品几何模型所需的实体造型技术。

第三，物体质量特性计算功能。根据产品几何模型计算其体积、表面积、质量、密度、重心等几何特性的能力，为工程分析和数值计算提供必要的参数与数据。

第四，三维运动分析和仿真功能。具有研究产品运动特性的能力及仿真的能力，提供直观的、仿真的交互设计方式。

第五，三维几何模型的显示处理功能。具有动态显示、消隐、彩色浓度处理的功能，解决三维几何模型设计的复杂空间布局的问题。

第六，有限元网格自动生成功能。用有限元法对产品结构的静态、动态特性、强度、振动进行分析，并能自动生成有限元网格，供设计人员精确研究产品的结构。

第七，优化设计功能。具有用参数优化法进行方案优选的功能。

第八，数控加工的功能。具有在数控机床上加工的能力，并且能识别、校核刀具轨迹及显示加工过程的模态仿真。

第九，信息处理与信息管理功能。实现设计、制造和管理的信息共享，达到自动检索、快速存取及不同系统的信息交换与输出的目的。

（2）系统应用软件介绍。

第一，CATIA。CATIA 是法国达索系统公司与美国 IBM 公司联合开发的工程应用软件，集自动化设计、制造、工程分析为一体，应用在机械制造与工程设计领域。它具有原理图形设计、三维设计、结构设计、运动模拟、有限元分析、交互式图形接口、接口模块、实体几何、高级曲面、绘图、影像设计、数控加工等多项功能。特别是采用 1～15 次 Bezier 曲线、曲面和非均匀有理 B 样条计算方法，具有了很强的三维复杂曲面造型和加工编程的能力。

第二，I－DEASMasterSeries。I－DEASMasterSeries 是美国 SDRC 公司研制开发的具有设计、绘图、机构设计、机械仿真工程分析、注塑模拟、数控编程和测试功能的综合机械设计自动化软件系统。其特点包括：①具有 70 个集成模块，使从设计、绘图、仿真、测试到制造的整个机械产品开发过程实现自动化；②在产品初始设计阶段就能模拟产品的实际性能；③以实体模型为基础，具有先进的图形功能和基于人工智能技术的用户界面，实现 70 个模块的并行连接；④采用工程关系数据库，将 I－DEAS 的几何元素、测试数据和分析数据传输到其他应用程序；⑤具有很强的工程测试和工程分析能力。

第三，Pro/ENGINEER。Pro/ENGINEER 是美国 PTC 公司研制开发的机械设计自动化软件。它实现了产品零件或组件从概念设计到制造的全过程自动化，提供以参数化设计为基础、基于特征的实体造型技术。

Pro/ENGINEER 的主要模块以及其功能如下：

基本模块：采用参数化定义实体零件，具有贯穿所有应用的完全相关性。

曲面造型：编辑复杂曲线和曲面的功能；提供生成平面、曲面的工具。

特征定义：提供集成建模工具，生成带有复杂雕塑曲面的实体模型

装配设计：支持设计和管理大型结构、复杂零件的装配；采用了参数化设计零件、组件和组件特征，在组件内自动替换零件。

组件设计：采用参数化的草图设计，自动装配零件为完整的参数化模型；分层次的装配布置。

工程制图：自动生成视图和投影面，自动标注尺寸、公差等参数特征；具有 2D

非参数化制图功能。

复材设计：自动设计、制造复合夹层材料部件，产生加工文档。

模具设计：由工件几何模型自动生成模具型腔的几何模型；生成模具浇口、浇道及分型线，可作模具注塑模拟。

钣金设计：提供参数化的钣金造型、组装、弯曲和展平功能，进行多种平面图案组合并指定生产程序。

有限元网格：对实体模型或薄壁模型提供有限元网格；进行交互性修改。

加工编程：提供生产规划，定义数控刀位轨迹；具有铣、车、钻孔等功能，可以实现 5 轴加工。

数控检验：提供图形工具模拟加工时切除材料的过程；快速校验和评价加工过程中的刀具与夹具。

标准件库：提供 2 万多个通用标准零件；用户可从菜单中选用符合工业标准的零件进行组件设计。

数据管理：提供大规模的复杂设计的一系列数据管理工具。

用户开发工具：提供开发工具，用户自己编写的程序可结合到 Pro/E 当中。

标准数据接口：提供与其他设计自动化系统的标准数据交换格式；提供输入二维和三维图形及曲面的能力；提供输出 SLA、RENDER、DXF、NEUTRAL、IGES 等格式。

与 CATIA 接口：提供与 CATIA 双向数据交换接口。

与 CADAM 接口：提供与 CADAM 双向数据交换接口。

3. 图像资料计算机辅助反求设计的过程

用摄像机将图片资料的图像信息输入计算机中，经过计算机中图像处理软件的数据处理后，产生三维立体图形及其有关外形尺寸，可以获得图片中产品的 CAD 模型及其形体尺寸。

4. 计算机辅助反求设计案例——健身器

健身器往复移动拖架的反求设计。健身器拖架用于支承人的双腿腕部，并做往复横向振动，设计时要符合人机工程，所以其形状非常复杂，内容如下：

（1）数据测量与数据处理。利用激光扫描仪测量表面形状与尺寸，对测点数据进行编辑处理，删除噪声点，增加补偿点，进行数据点的加密。

（2）建立 CAD 模型，进行曲面拟合、曲面重构。

（3）建立 NC 加工轨迹。对曲线重构的数据进行刀具轨迹编辑，产生了 NC 轨迹，进行机械加工。

随着 CAD/CAPP/CAM 系统的不断完善，计算机辅助反求设计将会发挥更大的优势。

第二节　平动齿轮传动装置的设计应用

在平行四边形的机构中，设定以某曲柄作为原动件，则它的连杆就是机构在平面做平行运动时的输出，该连杆和另一个曲柄均称的输出构件。若设定该机构为前置机构 A，设定一对具有啮合性质的齿轮机构作为后置机构 B，把两个机构进行 II 型串联组合可得出，只有两个机构的齿轮中心距互相平行且与曲柄长度相等时，则 A 的连杆和 B 的一个齿轮才可以相连并形成一个新的机构系统，此时还需要保证齿轮的中心如图连杆的中心，该 II 型串联组合如图 8 - 1❶ 所示。其传动比为：$i_{12} = \dfrac{z_2}{z_1 + z_2}$。由此可得，该组合的传动比小于 1，即可实现较高传动比的提速传动。但是，由于该组合的体积过大，因此导致无法在工程领域中广泛的应用。此时我们需要将后置机构进行更改，变为内啮合型的齿轮传动机构，再次按照上述过程进行连接，就可以形成两种类型的组合系统结果。

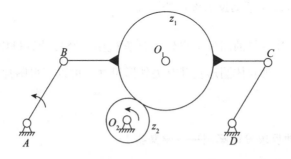

图 8 - 1　平行四边形机构与外啮合齿轮机构的 II 型串联组合

❶　本节图片均自张春林，李志香，赵自强. 机械创新设计 [M]. 北京：机械工业出版社，2016：200 - 201.

如图 8 - 2（a）所示平行四边形机构的连杆与内啮合齿轮机构的内齿轮串联的组合系统。其传动比为：$i_{12} = \dfrac{z_2}{z_1 + z_2}$。当两个齿轮的齿数差较少时，该系统的传动比就会比较大，并且可以被广泛地应用在工程实践中；但是它存在的缺点也是无法回避。连杆在使用过程中，会因为在应用时的高速运转，产生极大的惯性力，从而导致机构的运转性能受到影响。此时，DI 型并联组合（又称三环减速器）就可以克服这一问题，具体讲就是将三组平行四边形的机构以 120° 的夹角进行排列，定点连接各自的输入运动曲柄，三个内齿轮联合驱动与外齿轮输出运动（此时形成的组合又称外平动齿轮减速器）。效果相等于定点连接的三个相同的外齿轮，运动简图如图 8 - 2（b）所示。这种传动不仅可以保证高机械的效率、还能保证机构的平衡运转，在工程上得到广泛成功的应用。但是三环减速器的体积、重量和尺寸都是比较大，因而导致运转时产生的机械振动，身子无法形成平衡惯性力。

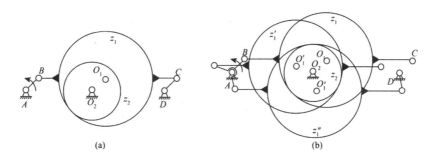

图 8 - 2　平行四边形机构与内啮合齿轮机构的 II 型串联组合一

如果后置机构的外齿轮与连杆相连接，驱动内齿轮定轴转动输出，就组成如图 8 - 3（a）所示的组合系统，其传动比为：$i_{12} = \dfrac{z_2}{z_2 - z_1}$。为解决上述平衡问题，我们继续以 ID 型并联组合为基础，将三组平行的四边形机构以 120° 为夹角进行排列，定点连接各自的输入运动曲柄，三个外齿轮联合驱动内齿轮并进行输出运动（此时形成的组合称为内平动齿轮减速器），如图 8 - 3（b）所示的运动简图。这种传动在之前的优势基础上，只要将机架和连杆 BC 缩短，让转动副 4 和 B 位于平动外齿轮的齿板内部，就可以使得机构的体积、重量和尺寸值减小。

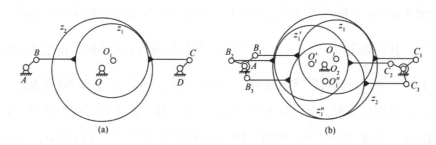

图8-3 平行四边形机构与内啮合齿轮机构的Ⅱ型串联组合二

内平动齿轮传动模型是一种新型的齿轮传动装置，其创新设计的理论基础就是机构组合的原理，创新点在于对传统齿轮运动方式的创新性改变，依靠的方法是，利用主动齿轮的平行移动来驱动内齿轮减速输出。在创新设计过程当中，平行四边形机构的相关理论知识、齿轮机构串联的相关理论知识、转动副销钉扩大和尺寸更改以及工程实际对该案例成功的设计提供了理论指导和实践帮助。综上所述，该创新的设计案例思路清晰、方法得当、成果具有显著的新颖性和实用性，也具备有很强的推广价值。

第三节 机构应用创新设计

机构应用创新设计指的是在机构类型不变的情况下，或者是在机构运动简图未被修改的前提下，创新运动副和机构构件能够满足特定需求的机械装置设计；或者是将基本机构在特定的工作环境中进行运动，以此来进行机构应用创新。机构应用创新是运用最广泛的一种创新设计方法。"典型机构创新设计的应用，一是曲柄摇块机构与二杆机构叠加应用于电动玩具飞马跳跃，二是通过瓦特链型六杆机构，演绎出步行行走机器人动作机构，选出最优方案；以及通过对于游梁式抽油机构的改造，提高抽油机的生产效率。"❶

---

❶ 蒋建强. 机械创新思维方法与机构创新设计应用 [J]. 轻工科技，2021，37（08）：39.

一、止回机构的创新设计

设计需要不干涉送料的进程，在送料间隔的期间，物料的功能需求是无法自行转移的。能够达到这个功能需求的基本机构，有摩擦止动机构、移动棘轮止动机构等多种形式的机构。其中，移动棘轮机构是无法实现第二项功能需求，然而常用的摩擦止动机构来进行工作。摩擦止回机构设计的重点是当物料要向下滑动时，在摩擦棘爪转动副在摩擦圆中，利用物料对摩擦棘爪的反力进行阻止，轴心力矩的方向要和摩擦棘爪的松脱方向背离。按这个规律就可以找到摩擦棘爪转动副的中心点，在找到这一中心点后，根据相反作用力的方向探索摩擦棘爪的曲线方程。

这是一种机构选型设计的实例，也是针对机构本身的设计方案。机构选型和设计都需要创新能力，它们是创新意识的展现，也是属于机构创新设计的范围。

二、运动副的变异设计

机构运动简图走向机械结构设计的标志，是运动副的变异设计和机构的演化设计，这是机械设计重要的结构部分。这类设计主要是用来满足钢板剪床结构的功能需求，是具有高剪切力、小位移量的特点。滑块机构是最常见的机构类型，它的运动机构简图见图 8-4❶。转动副根据高剪切力、小位移量的特征展开销钉扩大的操作，将转动副 4 包含在内。这时候需要增大转动副 C，以此来提高转动副 C 所处的位置强度。转动副 C 是摆动副，是无法进行整周的转动。一般形状是为半圆状，这种结构是无法满足连杆和滑块之间的运动约束条件。这时候，想要增大 C 处转动副的上半部分，则需要利用连杆和滑块构成新的转动副。C 处两个圆的关系为同心圆机构，这样才可以保证约束条件，滑块也要进行改变，加工成中空的状态。

上面的例子是基于机构类型确认的情况下，对运动副的演化和改变进行的设计，尽管机构类型未发生改变。但是，演化和改变的设计满足了部分特性环境下机器的运行，这是一种机构应用创新设计的特殊案例。

---

❶ 张春林，李志香，赵自强. 机械创新设计［M］北京：机械工业出版社，2016：203.

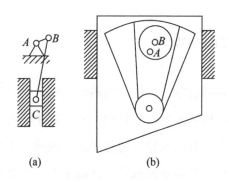

图 8 − 4   曲柄滑块机构的演化与变异设计

三、Stewart 机构的应用

Stewart 于 1965 年第一次提出 6SPS 机构，该机构在机构运动平台上可以完成空间 6 个自由度的转动，因此在空间中，机构不仅能够绕着轴转动，还可沿着轴移动，这种是机构创新的经典案例。它主要运用在以下两个领域中：

（一）运动模拟器的应用

飞机在天空中最常见的就是空间 6 个自由度的翻转飞行，这是对空战的一种演习。所以，要想在地面中对飞行员进行类似的训练，就需要利用这种机构来实现。飞行员只要踏上机构的动平台就可以进行相关的训练，即使在交通复杂的情况下，驾驶员也要处理和应对空间中复杂的运动状况。这时候如果把车放在 6SPS 机构的动平台上，就可以利用视频技术来模拟真实、复杂的路面驾驶情况，驾驶员通过这种方式来进行训练。同时，机构的动平台还能够检测车辆的机器性能，在运动模拟器领域中，6SPS 机构得到广泛运用。

（二）并联机床的应用

如果将铣刀和机械工件分别安装在动平台和定平台上，就形成并联机床。这是一种用来应对复杂形体，进行加工的机械零件。这种并联机床在美国、德国等国家的技术已经达到成熟，我国在这个领域的研究也已经达到了国际水平。Stewart 机构是一种创新的机构，他能够在现实生产和生活中带来便利与发展。因此，他和机构的创新设计具有同等重要的地位，甚至有时候它的地位超过机构的创新设计。

参考文献

[1] 卜和蛰. 面向机械产品专利的机构信息识别与提取方法研究 [D]. 长沙：湖南大学，2020：5.

[2] 蔡建国. 机械设计手册 第11篇 绿色产品设计 第2版. [M]. 北京：机械工业出版社，2000.

[3] 曹凤红. 机械创新设计与实践 [M]. 重庆：重庆大学出版社，2017.

[4] 陈定方，卢全国. 现代设计理论与方法 第2版 [M]. 武汉：华中科技大学出版社，2020.

[5] 陈根琴，宋志良，何平，等. 机械制造技术 [M]. 北京：北京理工大学出版社，2007.

[6] 陈继文，杨红娟，陈清朋，等. 机械创新设计及专利申请 [M]. 北京：化学工业出版社，2018.

[7] 符炜. 机械创新设计构思方法 [M]. 长沙：湖南科学技术出版社，2006.

[8] 高常青. TRIZ 产品创新设计 [M]. 北京：机械工业出版社，2019.

[9] 高建，孙建广，祝岳铭. 现代设计方法在机械创新设计中的研究 [J]. 北京：西部皮革，2016，38（10）：44–45.

[10] 格宁，程莹茂，朱昌彪，等. 工程机械绿色设计与制造技术 [M]. 北京：机械工业出版社，2022.

[11] 郭黎滨，张忠林，王玉甲. 先进制造技术 [M]. 哈尔滨：哈尔滨工程大学出版社，2010.

[12] 郭铁桥. 物料输送系统 [M]. 北京：中国电力出版社，2013.

[13] 韩键美，杨晓敏. 机械产品创新设计研究 [J]. 北京：科技风，2010（10）：185.

[14] 郝佳，牛红伟，刘玉祥，等. 基于知识工程的智能化产品设计关键技术及应用 [M]. 北京：北京理工大学出版社，2021.

[15] 何威. 机械零件可靠性设计理论与方法研究 [J]. 武汉：湖北农机化，2018（03）：57–59.

[16] 洪露，郭伟，王美刚. 机械制造与自动化应用研究 [M]. 北京：航空工业出版社，2019.

[17] 黄克正. 产品逆向工程机械产品设计自动化理论与应用 [M]. 北京：兵器工业出版社，2009.

[18] 黄贤振，张义民. 机械可靠性设计理论与应用 [M]. 沈阳：东北大学出版社，2019.

[19] 蒋建强. 机械创新思维方法与机构创新设计应用 [J]. 北京：轻工科技，2021, 37（08）: 39 – 41.

[20] 金梭，沈正华. 基于可重组技术的机械手控制系统设计 [J]. 北京：组合机床与自动化加工技术，2018, （10）: 85 – 88, 92.

[21] 阚元汉. 专利信息检索与利用 [M]. 北京：海洋出版社，2008.

[22] 赖朝安. 智能制造模型体系与实施路径 [M]. 北京：机械工业出版社，2020.

[23] 乐国祥. 浅析现代机械环保产品设计方法 [J]. 北京：科技创新与应用，2015（25）: 126.

[24] 李浩. 智能产品服务系统模块化设计方法 [M]. 北京：清华大学出版社，2019.

[25] 李辉. 基于技术与制度约束的机械产品专利规避设计研究 [D]. 天津：河北工业大学，2016: 5.

[26] 李强，李丽. 实用现代机械设计方法 [M]. 北京：机械工业出版社，2012.

[27] 李校帅. 基于机械制造中智能化技术的分析 [M]. 天津：建筑工程技术与设计，2017.

[28] 李艳，黄海洋. 机械产品专利规避设计 [M]. 北京：机械工业出版社，2020.

[29] 李招娣. 专利信息检索与利用 [M]. 长春：吉林科学技术出版社，2019.

[30] 李助军，阮彩霞. 机械创新设计与知识产运用 [M]. 广州：华南理工大学出版社，2015.

[31] 李助军. 机械创新设计及其专利申请 [M]. 广州：华南理工大学出版社，2020.

[32] 梁启东. 机械自动化设计与制造存在的问题分析与对策思考 [J]. 北京：内燃机与配件，2021（01）: 146 – 147.

[33] 梁原. 创新设计方法在产品设计中的应用研究 [J]. 北京：工业设计，2019（10）: 138 – 139.

[34] 刘混举. 机械可靠性设计 [M]. 北京：国防工业出版社，2009.

[35] 刘双主. 机械创新设计与应用 [M]. 上海：上海交通大学出版社，2022.

[36] 刘治华，李志农，刘本学. 机械制造自动化技术 [M]. 郑州：郑州大学出版社，2009.

[37] 卢泽生. 制造系统自动化技术 [M]. 哈尔滨：哈尔滨工业大学出版社，2010.

[38] 吕健安. 工业产品造型设计与实践创新 [M]. 长春：吉林出版集团股份有限公司，2020.

[39] 孟新宇，郝长中. 现代机械设计手册 智能装备系统设计 单行本第2版 [M]. 北京：化学工业出版社，2020.

[40] 缪莹莹，孙辛欣. 产品创新设计思维与方法 [M]. 北京：国防工业出版社，2017.

[41] 欧阳杰，俞思源. 一种基于机械可靠性的安全设计方法 [J]. 北京：机电工程技术，2022, 51（07）: 207 – 209 + 230.

[42] 彭文生，李志明，黄华梁. 机械设计 [M]. 北京：高等教育出版社，2008.

[43] 彭修宁，陈正，樊红缨. 建筑工程BIM正向一体化设计应用 [M]. 北京：机械工业出版社，2022.

［44］全燕鸣. 机械制造自动化［M］. 广州：华南理工大学出版社，2008.

［45］任乃飞，任旭东. 机械制造技术基础［M］. 镇江：江苏大学出版社，2018.

［46］上海市职业指导培训中心. 模具 CAD/CAM 技能快速入门［M］. 南京：江苏科学技术出版社，2009.

［47］宋井玲. 自动机械设计［M］. 北京：国防工业出版社，2011.

［48］檀润华，曹国忠，陈子顺. 面向制造业的创新设计案例［M］. 北京：中国科学技术出版社，2009.

［49］唐代盛. 专利文件撰写［M］. 北京：知识产权出版社，2017.

［50］唐卿. 基于智能制造技术的智能机械制造工艺［J］. 北京：现代制造技术与装备，2022，58（09）：193－195.

［51］王爱民. 机械可靠性设计［M］. 北京：北京理工大学出版社，2015.

［52］王澄. 机械领域发明专利申请文件撰写与答复技巧［M］. 北京：知识产权出版社，2012.

［53］王树才，吴晓. 机械创新设计［M］. 武汉：华中科技大学出版社，2013.

［54］王霜. 设计方法学与创新设计［M］. 成都：西南交通大学出版社，2014.

［55］王田苗，陶永. 我国工业机器人技术现状与产业化发展战略［J］. 北京：机械工程学报，2014，50（9）：1－13.

［56］王义斌. 机械制造自动化及智能制造技术研究［M］. 北京：原子能出版社，2018.

［57］王英惠，吴维勇. 面向创新设计的逆向工程［J］. 北京：机械设计，2007，10（24）：1－3.

［58］魏保志. 专利检索之道［M］. 北京：知识产权出版社，2019.

［59］闻邦椿. 机械设计手册 第6版 第7卷 现代设计与创新设计2［M］. 北京：机械工业出版社，2018.

［60］闻邦椿. 机械设计手册 疲劳强度设计 机械可靠性设计［M］. 北京：机械工业出版社，2020.

［61］闻邦椿. 机械设计手册 智能设计 仿生机械设计［M］. 北京：机械工业出版社，2020.

［62］邬小龙. 模具设计制造中智能化技术的应用［J］. 云南：南方农机，2017，48（14）：95.

［63］吴国兴，范君艳，樊江玲. 智能制造背景下应用型本科机械类专业人才培养［J］. 北京：教育与职业，2017（16）：89－92.

［64］线澎湃. 机械加工智能化发展趋势［J］. 北京：科协论坛（下半月），2013（09）：54－55.

［65］相晨飞. 机械设计制造及自动化技术的智能化发展探究［J］. 武汉：湖北农机化，2020（11）：136－137.

［66］向东，牟鹏，李方义，等. 机电产品绿色设计理论与方法［M］. 北京：机械工业出版社，2022.

［67］肖爱武，林南，孟少明. 典型机械产品制造［M］ 北京：化学工业出版社，2011.

[68] 许彧青. 绿色设计 [M]. 北京：北京理工大学出版社，2013.

[69] 杨帆. 专利检索从入门到精通 [M]. 北京：知识产权出版社有限责任公司，2021.

[70] 杨家军. 机械系统创新设计 [M]. 武汉：华中科技大学出版社，2000.

[71] 杨磊. 现代机械设计方法研究 [J]. 北京：科技创新与应用，2018 (13)：93 - 94.

[72] 杨瑞刚. 机械可靠性设计与应用 [M]. 北京：冶金工业出版社，2008.

[73] 杨永强，宋长辉. 面向增材制造的创新设计 [M]. 北京：国防工业出版社，2021.

[74] 游震洲. 机械产品创新设计 [M]. 北京：科学出版社，2016.

[75] 余俊，中国工程学会，中国机械设计大典编委会. 中国机械设计大典 第1卷 现代机械设计方法 [M]. 南昌：江西科学技术出版社，2002.

[76] 俞张勇，杨海霞，吴斌，等. 基于正逆向软件的产品创新设计研究 [J]. 北京：机械设计与制造工程，2016，45 (09)：75 - 77.

[77] 张伯鹏. 机械制造及其自动化 [M]. 北京：人民交通出版社，2003.

[78] 张春林，李志香，赵自强. 机械创新设计 第3版 [M]. 北京：机械工业出版社，2016.

[79] 张建卿. 模具设计的智能化研究 [M]. 北京：现代制造技术与装备，2015 (06)：52 - 53.

[80] 张荣彦. 机械领域专利申请文件的撰写与审查 第4版 [M]. 北京：知识产权出版社，2019.

[81] 张永芝. 可靠性与优化设计 [M]. 天津：天津大学出版社，2019.

[82] 赵刚. 机械制造自动化技术特点与发展趋势探析 [J]. 北京：造纸装备及材料，2022，51 (07)：47 - 49.

[83] 赵新军，张秀芬. 现代机械设计手册 创新设计与绿色设计 单行本第2版 [M]. 北京：化学工业出版社，2020.

[84] 郑维明，黄恺，王玲. 智能制造数字化工艺仿真 [M]. 北京：机械工业出版社，2022.

[85] 郑维明，李志，仰磊，等. 智能制造数字化增材制造 [M]. 北京：机械工业出版社，2021.

[86] 中国机械工程学会，中国模具设计大典编委会. 现代模具设计基础 [M]. 南昌：江西科学技术出版社，2003.

[87] 周骥平，林岗. 机械制造自动化技术 [M]. 北京：机械工业出版社，2001.

[88] 周小东，成思源，杨雪荣. 面向创新设计的逆向工程技术研究 [J]. 北京：机床与液压，2015，19 (43)：25 - 28.

[89] 周雄辉，彭颖红，等. 现代模具设计制造理论与技术 [M]. 上海：上海交通大学出版社，2000.

[90] 邹茜茜. 面向回收的绿色机电产品可拆卸性设计研究 [J]. 北京：林业机械与木工设备，2007 (06)：36 - 38.